Beate Kluckow / Bernd W. Klöckner / Werner Dütting

Erfolg mit Großkunden

Beate Kluckow / Bernd W. Klöckner
Werner Dütting

Erfolg mit Großkunden

Im Dialog mit Arbeitgebern zum bAV-Geschäftsabschluss

GABLER

Bibliografische Information der Deutschen Nationalbibliothek
Die Deutsche Nationalbibliothek verzeichnet diese Publikation in der Deutschen Nationalbibliografie; detaillierte bibliografische Daten sind im Internet über <http://dnb.d-nb.de> abrufbar.

1. Auflage 2010

Lektorat: Guido Notthoff

Gabler Verlag ist eine Marke von Springer Fachmedien.
Springer Fachmedien ist Teil der Fachverlagsgruppe Springer Science+Business Media.
www.gabler.de

Umschlaggestaltung: KünkelLopka Medienentwicklung, Heidelberg
Layout und Satz: FROMM MediaDesign, Selters/Ts.
Gedruckt auf säurefreiem und chlorfrei gebleichtem Papier
Printed in Germany

ISBN 978-3-8349-2027-0

Inhalt

Vorwort
Beate Kluckow

Diese Zeiten, die Überschriften aufweisen wie „größte Finanzkrise aller Zeiten“ oder „nie gab es so viele Insolvenzen wie jetzt …“, sind wenig rühmlich. Und dann wagen sich drei Autoren an den Buchtitel „Erfolg mit Großkunden“? Ist das schwarzer Humor? Nein!

Diese Idee, ein Buch zu schreiben, über nicht ganz so normale tägliche Gespräche mit fachlichem Hintergrund, ist zwar noch in „normalen“ Zeiten entstanden, aber die künftigen Herausforderungen im Auge behaltend, versteht sich dieses Buch als ständiger Wegbegleiter für Unternehmen und finanzberatende Dienstleister oder auch einfach nur zur Unterhaltung aus dem Arbeitsalltag eines Finanzberaters im wahrsten Sinne des Wortes. Die wirtschaftliche Großwetterlage war also noch einigermaßen in Ordnung. Auch solche Worte wie Stabilität und Konstanz, die heute zart belächelt werden und eher an die guten alten Zeiten erinnern, dominierten. Apropos gute alte Zeit. Wer weiß eigentlich noch heute, warum es überhaupt eine gesetzliche Rente gibt? Das der Reichstag unter Führung von Otto von Bismarck das Gesetz zur Alters- und Invaliditätsversicherung 1889 verabschiedete – okay, das geht noch. Aber welche Bedingungen leiteten ihn dazu? Der Beitragssatz betrug 1,7 Prozent, getragen je zur Hälfte von Arbeitgeber und Arbeitnehmer. Das Gesetz sah eine Rente ab 70 Jahren vor, wenn zuvor 30 Jahre lang Beiträge eingezahlt wurden. Die durchschnittliche Lebenserwartung jedoch lag zu Bismarcks Zeiten bei 40 Jahren. Erst Konrad Adenauer stellte Anfang 1957 die Rentenfinanzierung um. Beim neuen Umlageverfahren zahlen Arbeitnehmer und Arbeitgeber mit den Rentenversicherungsbeiträgen die Bezüge der Rente. Über die Höhe entschied der Bundestag. Die Gleichstellung bei der Rente von Angestellten und Arbeitnehmern erfolgt noch im selben Jahr. Noch 1986 (und viele Jahre später) konnte jeder in Deutschland die Worte von Herrn Blüm zitieren: „Die Rente ist sicher!" Die drastischen Einschnitte, um nicht das Wort „Rentenkrise" zu benutzen, fingen 1992 an. Die Renten begannen zu sinken. Die Rentenerhöhungen beziehen sich nicht mehr auf die Brutto-, sondern auf die Nettolöhne. Seit 2001, mit Einführung der Riester-Rente, wird der Rentengesetzesdschungel perfekt und bis heute ist die damit verbundene Rentenkürzung noch nicht jedem bewusst! Kein Wunder, dass das Thema betriebliche Altersvorsorge für Arbeitnehmer erst mit dem Rechtsanspruch auf Entgeltumwandlung 2002 eine Renaissance erhielt. Kurz: Die Betriebsrente kann mittels so genannter fünf Durchführungswege vom Arbeitgeber auch mit entsprechender Beteiligung gestaltet werden. Damit nimmt das Chaos seinen Lauf. Wer genau im Unternehmen ist jetzt Ansprechpartner für die Betriebsrente? Welcher der 5 Durchführungswege ist der wahre und richtige für mein Unternehmen? Wer berät mich dazu – ohne zuerst an Provisionseinnahmen zu denken? Wer betreut mich weiterhin bei diesen Themen und welcher Aufwand steht hinter der Einführung einer solchen Betriebsrente? Was würde eigentlich passieren, wenn das Rentenalter an die Lebenserwartung gekoppelt wird? Ganz aktuelle und normale Fragen des Alltags nur allein aus real existierenden oder künftigen Gesetzen!

Ich saß, wie fast immer, eine längere Zeit im Auto. Schweigsam. Als Frau. Immer häufiger stellte sich mir die Frage: Warum können eigentlich Fachbücher nicht auch auf ganz einfache und pragmatische Art und Weise, nahezu spielerisch, komplexe fachliche Themen verständlich vermitteln? Wer traut sich in der Branche der Finanzdienstleister eigentlich zu, auf Unternehmer zuzugehen und simpel über die Möglichkeiten von ausgeklügelten Personalmodellen zu diskutieren? Fehlen die Kontakte? Ist es die Skepsis, zu wenig an Wissen auf der eigenen Festplatte zu haben? Fehlen einfach nur Umgangsformen? Ganz banale Ängste redet man sich gern ein, um letzten Endes einen Grund oder auch mehrere Gründe zu haben, warum Dinge einfach nicht gehen. Ich gehörte auch fast zu dieser Spezies. Glückliche Umstände leiteten mich und führten mich in die erlauchten Kreise von Vorständen, CFOs und HR-Leiter ein. Gibt es Zufälle? Für mich nicht! Ich bohre gern charmant, aber auch ziemlich penetrant nach. Der Frage „Wie können wir in dieser bestimmten Thematik, der Personalarbeit für Unternehmen, tätig werden?" verdanke ich quasi meinen beruflichen Werdegang. So lernte ich meinen Mentor, Herrn Manfred Hässler, vor gut fünf Jahren in der gemeinsamen Arbeit, der Akquise und Führen von so genannten ersten Kontaktgesprächen mit Unternehmern, so genau kennen, dass ich nach drei Gesprächen die Folgegespräche allein weiterführte. Mit Erfolg! Wir telefonieren noch heute. Ich spüre dann seinen Stolz und gern piesackt er mich mit der Frage danach, in welche Fettnäpfe ich noch heute gern stolpere.

Über diese immer wieder neuen Gesprächsanforderungen ergab sich auch der Kontakt mit Bernd W. Klöckner. Er gab mir mein entscheidendes Rüstzeug mit. Ich war nicht mehr länger „Finanzrater", wie er es nennt. Ich lernte bei ihm entscheidende Rechentechniken, die meine Aussagen blitzschnell mit Zahlen unterlegen konnten. Ich gewann unendlich viel Sicherheit. Stellen Sie sich eine blonde Beraterin mit blauen Augen vor, die rechnen kann. Geht gar nicht, oder?

Eine große Bedeutung hat meine Familie für mich. Ich lebe mit drei Männern zusammen – zwei davon sagen heute noch „Mama". Ihnen verdanke ich den Alltagshumor. Ohne diese Portion der Alltagskomödie hätte ich nie die Kraft aufbringen können, Beruf, Familie und die neue Nebentätigkeit, als Autorin, zu packen.

Lassen Sie sich ein auf ein Buch, das eigentlich nur ein Gespräch ist, gespickt mit einigen Zutaten, nennen wir sie einmal „fachliche Exkurse zum Nachschlagen", und einen Ausblick auf die vielen Möglichkeiten rund um ein Unternehmen. Vielleicht ergeben sich neue Ideen für Ihr Unternehmen oder für Ihre Beratungen.

Denken Sie Brutto! Es lohnt sich!

Ihre

Beate Kluckow
Beate.kluckow@db.com

Vorwort
Bernd W. Klöckner

Erfolgreich beraten und verkaufen bedeutet immer, die fokussierte Aufmerksamkeit eines Kunden oder einer Kundin zu gewinnen. Je professioneller die Beratung, desto fokussierter wird ein potenzieller Kunde sein und desto eher endet eine Beratung mit einem erfolgreichen Verkauf. Das klingt einfach. Und es ist eine Gesetzmäßigkeit. Dabei gilt: Die Finanzberatung für Unternehmen, besser: die Finanzberatung für Unternehmer, ist ein eigenes Beratungsfeld. Wer hier gewinnen will, wer hier potenzielle Kunden überzeugen will, muss erstens exzellentes Fachwissen mit zweitens erfolgreichem Beziehungsaufbau kombinieren. Wer als Finanzverkäufer/in diese Kombination beherrscht, wird auf Dauer – das ist nur eine Frage der Zeit – großen und dauerhaften Erfolg haben. Ausgehend von diesem Gedanken lag dieses Buch nahe. Eine Kombination aus praxisorientierter Finanzmathematik, kombiniert mit wirkungsvollem, auf den Punkt gebrachtem Fachwissen und immer mal wieder kleine Hinweise für erfolgreichen Beziehungsaufbau. Das war das erste Ziel der Autoren. Hinzu kam: Dieses Buch sollte ein Arbeitsbuch werden. So, dass Sie als Leser/in mit diesem Buch einen völlig anderen und neuen Beratungs- und Verkaufsansatz im Gespräch mit Unternehmer/innen entdecken. Entdecken, dann trainieren, dann anwenden. Das nun ist Ihre Aufgabe: Entdecken Sie die vielen Highlights in diesem Buch. Trainieren Sie die Details und trainieren Sie die Rechenbeispiele. Dann wenden Sie sie an. In den Seminaren und Trainings zur Klöckner Methode, Details unter www.berndwkloeckner.com, spreche ich immer wieder über den Unterschied zwischen Verkaufskenner und Verkaufskönner. In den letzten über 25 Jahren lernte ich viele solcher Verkäufer/innen kennen, die Dinge sagten wie „Kenn ich schon“ oder „Das habe ich schon einmal gehört". Nun: Kennen ist noch lange nicht gekonnt. Verkaufskenner sind noch lange keine Verkaufskönner. Die alles entscheidende Botschaft für Sie lautet: Nutzen Sie dieses besondere Buch. Werden Sie Verkaufskönner im Gespräch mit Unternehmern. Sorgen Sie so auf diese Weise für großartige Erfolgschancen. Alles, was Sie tun müssen, ist: Schreiben Sie sich konkret nach dem Training mit diesem Praxisbuch die Menschen, die Unternehmer/innen auf, die Sie kontaktieren können. Dann tun Sie es! Straffen Sie ein wenig die Disziplin. Lesen Sie sich ein, trainieren Sie die Inhalte dieses Buches, immer und immer wieder, dann wenden Sie sie an. Ich verspreche Ihnen: Wenn Sie das Know-how dieses zweifelsohne besonderen Buches trainieren und anwenden, können Sie mit diesem Buch 100.000 Euro im Jahr mehr verdienen. Besonders wichtig: Es gewinnen alle (!) Ihre potenziellen und künftigen Unternehmerkunden. Das Unternehmen, für das Sie tätig sind. Oder – wenn Sie freier Finanzdienstleister sind – die Unternehmen, für die Sie arbeiten. Wichtiger jedoch als Ihr Gewinn und der Gewinn auf Finanzunternehmenseite: Ihre Kunden gewinnen. Ihre Kunden gewinnen durch eine professionelle Beratungsleistung.

Viel Erfolg! Vielen Dank!

Ihr

Bernd W. Klöckner
M.A. (Univ.), Dipl.-Bwt. (FH), MBA
Internationaler Trainer, Coach & Mentor
www.berndwkloeckner.com
www.bwk-blog.de

Vorwort
Werner Dütting

Direkt zu Beginn: Die betriebliche Altersvorsorge hat sich schon soweit herumgesprochen, dass wir dieses Buch im Delta Shenzhen/China – Rostock – Berlin schreiben konnten. Es zeigt wieder einmal, dass die Kommunikation auch über tausende von Kilometern gut erfolgen kann. Nahtlos gehen E-Mails von einem Computer zum nächsten. Funktioniert das jedoch auch bei Großkunden? Zu Geschäftsführern und Managern? Sollte alles in PowerPoint präsentiert werden? Wie kann die betriebliche Altersvorsorge am Besten verkauft werden? Was muss beachtet werden, damit auch der Verkaufserfolg später in den Büchern steht? In Ihren Büchern! Auf diesem Gebiet ist Beate Kluckow die Spezialistin. Sie schreibt aus der Praxis für die Praxis. Viele Unternehmen hat sie bisher besucht, etliche Gespräche geführt und mindestens genauso viele Präsentationen erstellt. Sie weiß, wovon Sie spricht – in Sachen bAV und Präsentationstechniken, verbunden mit einem Hauch Witz. So ist auch dieses Buch aufgebaut. Sie haben in nächster Zeit Gesprächstermine mit Großunternehmen? Die Fragen, die Sie sich vielleicht vorher stellen, die Angst, die Sie haben, wird Ihnen in diesem Werk hauptsächlich genommen. In Großunternehmen arbeiten ebenso Menschen, wie Sie und ich. Die Vorbereitung darauf, die Präsentations- und Verkaufstechniken, verziert mit einigen netten Verkaufssätzen möchten wir Ihnen in diesem Buch so gut wie möglich mit auf den Weg geben. Locker beschrieben, sodass es auch nicht langweilig wird – so wie die Großunternehmer eine Präsentation erleben möchten und in (positiver) Erinnerung behalten.

Zurück zur bAV und zur Altersvorsorge überhaupt: Dass sie wichtig ist – keine Frage. Diese Frage stellt auch draußen keiner mehr. Die Frage ist vielmehr, welche Form sinnvoll ist. „Was ist sicher?“ fragen sich die Leute, gerade nach der Finanzkrise. „Was bringt die beste Rendite?" fragen sich dann wieder die Leute im Aufschwung und kurz vor dem nächsten Crash. Und hierzu zählt sicherlich die betriebliche Altersvorsorge. Sicher und durch die Entgeltumwandlung auch schon abgesehen vom eigentlichen Anlageprodukt – sei es spekulativ oder konservativ – lukrativ. Auch das möchten wir in diesem Buch genauer darstellen. Auch hier hat sich der Einsatz des BWK Business® – dem einzigartigen Finanztaschenrechner – bewährt. Die Berechnungen können Sie genauso mit einer Software nachvollziehen. Ist es jedoch nicht in einer Präsentation viel professioneller, auf spezielle Fragen mit schnell berechneten Zahlen zu antworten. Macht eine Präsentation oder auch ein Workshop nicht solche Spontanität aus? Der BWK Business® ist dazu das perfekte Handwerkzeug, weil er einfach in die Hand passt. Mit einem Zettel und Stift oder Flipchart und Edding kombiniert ist er das perfekte Verkaufstool.

Im Buch steigen wir zwischendurch mit einigen Beispielen und netten Berechnungen in die Materie der bAV mit dem BWK Business® ein. Manches werden Sie nicht brauchen. Doch wenn Sie es brauchen, müssen Sie es drauf haben, sagt mein Mentor Bernd W. Klöckner in seinen einzigartigen Seminaren zur Klöckner-Methode. Deshalb: Rechnen Sie jedes Beispiel im Buch mit. Arbeiten Sie mit. Machen Sie sich Gedanken und beginnen Sie in Lösungen zu denken. Dieses Lösungsdenken wird Ihnen in Gesprächen mit den Führungspersonen eines Unternehmens zur Hilfe schreiten, wenn Sie es dann brauchen. Deshalb haben wir Ihnen ebenso am Ende des Buches noch einige Aufgaben und Lösungen zur Verfügung gestellt.

Übrigens: Als ich zur Korrektur das Manuskript las, musste ich an der einen oder anderen Stelle herzlich lachen. Ich hoffe, es geht Ihnen genauso und Sie haben Spaß, wie Erfolg mit diesem Buch. Der Erfolg kommt durch Spaß, sowie mehr Spaß durch Erfolg.

Ihnen alles Gute!

Werner Dütting
Shenzhen/China, September 2009
www.duetting.com
werner@duetting.com

Firmenkunden erfolgreich beraten bedeutet: Sie müssen Ihre Komfortzone verlassen! Bernd W. Klöckner

Es gibt sehr, sehr viele Menschen, die geben sich immer wieder aufs Neue einer Tendenz hin: Exakt so viel zu tun, dass sie sich nicht wirklich verändern müssen. Seien wir doch einmal ehrlich. Sie müssen ehrlich sein! Wie leben Sie? Wie handeln Sie? Handeln Sie stets so, dass Sie Ihre Komfortzone verlassen? Hand aufs Herz? Diese Frage ist eine sehr, sehr wichtige Frage und die Antwort auf diese Frage ist eine sehr, sehr wichtige Antwort. Ich sage Ihnen: In diesem Buch finden Sie alles, was Sie brauchen, damit Sie ab sofort Firmenkunden erfolgreich beraten können. Oder, wenn Sie es bereits tun, noch besser beraten können. Entsprechend dem Motto der Bernd W. Klöckner Seminare und Trainings: Heute ein bisschen besser sein als gestern. Morgen ein bisschen besser sein als heute. Die erste und entscheidende Voraussetzung lautet: Verlassen Sie Ihre Komfortzone! Trainieren Sie, Mensch! Trainieren Sie mit diesem Buch! Beginnen Sie! Jetzt!

Spitzensportler wissen um ein entscheidendes Geheimnis als Voraussetzung für den Zustand Erfolg: Bei der letzten Übung entsteht Wachstum. Auf dem Weg hin zu dieser letzten Übung, dieser letzten Wiederholung einer Sache, einer Handlung gibt es in vielen Menschen eine mentale Schranke. Ich gebe Ihnen ein Beispiel: Da gibt es einen Typen, der trainiert in einem Sport-Club. Regelmäßig absolviert er sein Krafttraining. Angenommen, er trainiert an einem bestimmten Gerät in –

wie die Profis sagen – mehreren Sätzen. Und weiter angenommen, er beginnt beim ersten Satz mit dem inneren Dialog „Oh, ist das schwer" und „Ich bin so kraftlos heute". Das Ergebnis ist: Diese Person wird weitaus weniger Wiederholungen erfolgreich stemmen, als wenn sie sich von der ersten Wiederholung an sagen würde: „Wow, was spüre ich meine Power" oder „Ich schaffe es. Heute ist ein guter Tag. Ich schaffe mehr Wiederholungen als jemals zuvor". Das klingt banal. Ist jedoch eine wirkungsvolle und sehr wichtige Sache. Die alles entscheidende Botschaft lautet: Verändern wir unseren inneren Dialog. Verändern Sie Ihren inneren Dialog! Das müssen Sie tun. Schalten Sie um in – ich nenne es in meinen Seminaren und Trainings – den Yes-Modus! Ja! Ja! Ja! Ja! Yes! Yes! Yes! Yes! Einige von Ihnen kennen die Bernd W. Klöckner ErfolgsMemos. Eines dieser ErfolgsMemos ist mein Spruch „Und jetzt! Und jetzt! Und jetzt erst Recht!" Verstehen Sie! Sie sind in einer schwierigen Situation. Sie haben einen schwierigen Kunden. Sie sprechen mit einem schwierigen Klienten. Sie sind mitten in einem Gespräch mit einem schwierigen im Sinne von anspruchsvollem Firmenkunden. Sie bekommen in irgendeinem Verkaufs- oder Beratungsgespräch ein „Nein". Sie bekommen in mehreren Gesprächen ein „Nein". Gut! In Ordnung! Das waren viele Neins. Sie sagen sich: „Und jetzt! Und jetzt! Und jetzt erst recht!". Das zu tun ist eine entscheidende Voraussetzung für den Zustand Erfolg!

Seit vielen Jahren frage ich viele Menschen, darunter viele sehr erfolgreiche Menschen, nach dem Geheimnis ihres Erfolges. Nach dem Geheimnis ihres erfolgreichen Handelns. Ich wollte wissen: Was genau ist der Unterschied zwischen einer Person, die Erfolg hat (ich meine wirklichen Erfolg) und einer Person, die keinen oder wenig Erfolg hat? Was ist der Unterschied zwischen einer Person, die bei einem Projekt, einer Sache alles gibt und solchen Typen, die nie alles geben? Was ist der Unterschied zwischen einem erfolgreichen Firmenkundenberater und einem nicht oder nur mäßig erfolgreichem Firmenkundenberater? Eine Antwort kenne ich heute: Die Gewinnertypen kennen alle einen – ich nenne es – Point of no Return. Das ist ein Moment, ein Punkt, eine Sekunde, ab der es kein Zurück gibt. Nach diesem Punkt, nach diesem Moment gibt es ausschließlich ein „Und jetzt! Und jetzt! Und jetzt erst recht!" Dieser magische Moment trifft die Menschen unterschiedlich.

Ich gebe Euch Beispiele: Da gibt es einen Studenten. Er steht kurz vor der Prüfung. Die letzten Klausuren, die Abschlussprüfungen stehen an. Plötzlich spürt dieser Bursche diesen magischen Moment. Er spürt, wie innerlich alles „Und jetzt! Und jetzt! Und jetzt erst Recht!" ruft. Alles in ihm schreit „Yes! Yes! Yes!" Und dann schreibt dieser Bursche fantastische Noten und schließt sein Studium mit der Note 1 ab. Dieser Bursche ist zweifelsohne im Zustand Erfolg. Nehmen wir ein anderes Beispiel. Nehmen wir einen Verkäufer. Die Geschäfte laufen. Doch sie laufen nicht besonders gut. An irgendeinem Tag spürt dieser Verkäufer in ihm diesen magischen Moment! Alles in ihm ruft „Und jetzt! Und jetzt! Und jetzt erst Recht!" Da gibt es eine andere Verkäuferin, einen anderen Berater. Bislang haben beide um Firmenkunden einen großen Bogen gemacht. Nun denken beide „Und jetzt! Und jetzt! Und jetzt erst Recht!" Die Botschaft lautet: Verlassen Sie die Komfortzone! Geben Sie alles für eine Sache. Für ein Ziel. Wenn Sie alles geben, wird dieser magische Moment – das ganze ist nur eine Frage der Zeit – unweigerlich kommen.

Dabei gilt: Ein „Nein" ist für Verkäufer und Berater die natürlichste Sache am Tag. Das ist das Problem dieser Verlierertypen. Ein einziges „Nein" und sie jammern. Diese Typen sagen dann Dinge wie: „Oh, der Kunde hat Nein zu meinem Angebot gesagt. Ich bin am Boden zerstört" oder „Ich habe alles gegeben und die Kundin sagte Nein. Damit kann ich nicht umgehen!" Ein „Nein", und diese Typen sind demotiviert. Eine wirklich dumme Sache für eine Person, die als Verkäufer den Zustand Erfolg will. Eine wirklich sehr, sehr dumme Sache, so zu denken. Die Gewinnertypen wissen: Jedes Nein ist ein Schritt hin zum nächsten Ja. Jedes Nein eines Firmenkunden ist ein Schritt zum Abschluss eines großen Geschäftes mit einem anderen Firmenkunden. Da gibt es Verkäufer in bestimmten Branchen, die leben davon, dass sie einmal im Jahr ein Geschäft abschließen. Diese Typen führen viele Wochen und Monate im Jahr Gespräche. Und wissen: Ein Abschluss im Jahr ist üblich. Das ist dann ein ordentlicher Abschluss und er bringt finanziellen Erfolg. Das Geheimnis jedoch ist: Diese Typen geben nie, nie, nie auf! Bei jeder Ablehnung verdoppeln sie ihre Anstrengung. Jedes Nein spornt sie an. Hand aufs Herz! Wie geht es Ihnen? Wie reagieren Sie, wenn Sie einige Zeit ein Nein nach dem anderen hören? Geben Sie dann umso mehr? Geben Sie auf? Sind Sie umso motivierter? Demotiviert es Sie? Ich sage Ihnen: Gehen Sie in diesen „Und jetzt! Und jetzt! Und jetzt erst Recht"-Modus. Und dann, wenn der erste Erfolg ist, geben Sie alles. Geben Sie nun 12 Wochen alles, was Sie geben können. Geben Sie 16 Wochen alles, was Sie geben können. Ich spreche in einer Bernd W. Klöckner Audio-Botschaft über einen schwerwiegenden Fehler vieler Verkäufer und Berater. Ich geben Ihnen den folgenden wichtigen Satz: „Disziplin bringt Erfolg! Erfolg zerstört Disziplin!" Machen wir es anders. Machen Sie es anders. Sagen Sie sich „Und jetzt! Und jetzt! Und jetzt erst Recht!" Sie haben Erfolg! Legen Sie nun erst so richtig los. Geben Sie 12 Wochen, geben Sie 16 Wochen alles, was Sie geben können. Sie geraten so auf diese Weise in den Zustand persönlichen und finanziellen Erfolges. Trainieren Sie diesen Zustand des „Und jetzt! Und jetzt! Und jetzt erst Recht!" Verlassen Sie Ihre Komfortzone. Gehen Sie in den Yes-Modus. Notieren Sie die potenziellen Firmenkunden, mit denen Sie sprechen könnten. Trainieren Sie die in diesem Buch beschriebenen Gedanken und Inhalte. Dann legen Sie los. Lesen. Trainieren. Loslegen. Begreifen Sie das! Das müssen Sie verstehen! Jedes Verkaufs- und Beratungsgespräch ist wie ein Experiment. Sie werden niemals nur nette Menschen treffen. Sie werden niemals nur Freunde treffen. Sie werden niemals nur Sie mit offenen Armen empfangende Firmenkunden haben. Im Gegenteil. Merken Sie sich den Satz: „Es gibt in diesem Leben zwei Arten von Menschen. Freunde und Trainer!" Sie führen ein Verkaufsgespräch! Ihr Kunde sagt Ihnen ein „Nein". Ihr (potenzieller) Kunde lehnt Ihr Angebot ab. Sie fühlen sich unwohl. Es ist eine eigenartige Kommunikation. In Ordnung! Jetzt denken Sie: „Es gibt zwei Arten von Menschen. Freunde und Trainer. Diese Person, dieser (potenzielle) Kunde ist offensichtlich kein Freund und auch kein Freund meiner Dienstleistung. Gut! Diese Person ist mein Trainer. Trainieren wir! – Und jetzt! Und jetzt! Und jetzt erst Recht!"

Ich erzähle Ihnen eine persönliche Geschichte. Meine Frau und ich waren schon oft als Gäste auf dem Kreuzfahrtschiff MS Europa eingeladen. Es ist das weltbeste Kreuzfahrtschiff. Zu Recht! Und es ist ein wundervolles Schiff! Ich empfehle Ihnen wirklich sehr: Erleben Sie einmal eine Kreuzfahrt auf der MS Europa. Es lohnt sich jede Minute. – Nun gut! Ich hielt – das war meine Aufgabe - verschiedene Vorträge. Zu einem dieser Vorträge – es gibt einen wundervollen Theatersaal auf dem Schiff – kam ein Zuhörer zu spät. Er störte den ganzen Vortrag.

Rief dazwischen. Wusste alles besser. Er stritt alle genannten Erkenntnisse und Inhalte ab. Es war wenig schön. Nach dem Vortrag fing mich diese Person im Vorraum ab. Wiederum schimpfte diese Person. Nun wurde ich ungehalten. Es ergab sich ein wenig angenehmer Disput. Als diese Person weg war – ich muss aus damaliger Sicht sagen, endlich – ging ich an Deck und stellte mich an die Reling. Ich brauchte Luft und wollte allein sein. Da kam ein älterer Herr auf mich zu und meinte: „Sie waren sehr, sehr gut, junger Freund. Und ich gebe Ihnen einen Spruch mit auf Ihre Lebensreise. Es gibt in diesem Leben zwei Arten von Menschen. Freunde und Trainer". In der ersten Sekunde konnte ich nichts mit dieser Bemerkung anfangen. Dann – schlagartig – wurde es mir klar. Diese Person, die den Vortrag gestört hatte, war ein Trainer gewesen. Sozusagen ein Kommunikationstrainer. Nie wieder habe ich seit diesem Tag auf der MS Europa diesen Satz vergessen, wenn ich einmal in schwierigen Situationen und Gesprächsrunden war.

Die Botschaft lautet: Wer die Komfortzone verlässt, darf keine guten oder schlechten Kunden kennen. Als Trainer gilt: Wer seine Komfortzone verlässt, darf keine guten oder schlechten Seminarteilnehmer kennen. Freunde und Trainer! Das ist in Ordnung! Das wiederum bedeutet: Ein wirklich guter Verkäufer, ein wirklich guter Berater kann mit allen! Er muss mit allen können. Ich sage nicht: Er muss mit allen können wollen. Doch er – oder sie – muss mit allen können können! Ich wiederhole: Du verlässt die Komfortzone! Gut! Sie verlassen Ihre Komfortzone. Sie trainieren die in diesem Buch beschriebenen Inhalte. Dann gehen Sie aktiv an (potenzielle) Firmenkunden heran. Nun, das Ergebnis wird sein: Sie werden sehr viele neue Trainer treffen! Eine wundervolle Vorstellung, nicht wahr? Sie verlassen Ihre Komfortzone. Das Ergebnis ist: Sie werden unzählige Male, sozusagen völlig kostenfrei, trainieren dürfen. Das ist alles! Das ist das ganze Gesetz! Dabei gilt: Sie verlassen Ihre Komfortzone! Gut, Sie betreten in Folge neues Gebiet. Ein neues Gebiet bedeutet zunächst Verwirrung. Und Verwirrung ist Wachstum! Alles, was Sie tun müssen, ist, die wichtigen und wirkungsvollen Details dieses zweifelsohne wichtigen Buches immer und immer wieder trainieren. Begreifen wir das! Begreifen Sie das! Verwirrung ist Wachstum. Ich wiederhole: Komfortzone verlassen. Neue Gebiete entdecken. Verwirrung. Wachstum. Das Ergebnis ist ein Zustand Erfolg! Wer sich nicht verändert stirbt! Wer sich nicht verändert, wer immer innerhalb seiner Komfortzone bleibt gerät, das ganze ist nur eine Frage der Zeit, früher oder später in den Zustand Notlage. „Wer neue Horizonte erreichen will, muss alte Ufer aus den Augen verlieren!" Das ist alles. Das ist das ganze Gesetz. Loslassen. Komfortzone verlassen. Neue Ufer sehen. Mit neuen Menschen und mit neuen Situationen trainieren. Das Geschäft mit den Firmenkunden entdecken. Dann die Disziplin straffen. Und handeln. Das ist eine weitere und sehr, sehr entscheidende Voraussetzung für den Zustand Erfolg!

Teil 1

Einstieg

Die Frage aus der Werbung eines bekannten schwedischen Möbelhauses „Wohnst du noch oder lebst du schon?" ist gern ein Lacher in geselliger Runde. Was passiert in derselben Runde bei der Frage „Arbeitest du **nur** für dein Unternehmen oder bereitest du dich **zusammen mit deinem Chef** schon auf die Rentenzeit vor?" Okay, es dauert etwas beim ersten Mal. Dann kommt ein zaghaftes „Äh, wie jetzt, war gerade so lustig" oder „Danke für die abrupte Gesprächsverlagerung" oder „Tolles Thema – ich bin froh, dass ich überhaupt Arbeit habe in diesen Zeiten."

Super! Jetzt, wo es endlich mal für mich von dem oberflächlichen Geplänkel über Rotweine und deren Abgänge zu den wirklich spannenden Themen meines beruflichen Alltags übergeht – wirkt es statt aufregend eher abweisend oder gar besserwisserisch. Perfekt! Wie bekomme ich jetzt noch die 180 Grad Kurve?

Das Thema „Altersvorsorge" war noch nie so real dramatisch, so wichtig – aber auch irgendwie so deplatziert in diesen turbulenten Zeiten! Gerade in dem Moment, als ich mit meinen Freunden meine Freizeit verbringen möchte. Und Thommy, unser langjähriger Freund, von seiner neuen Arbeit erzählt – ja geradewegs glücklich strahlend von seinen Pumpenaufträgen berichtet. Gut, es ist schon interessant, aber wieso erzählt er so selbstverständlich davon und alle hören zu? Meine Themen sind viel wichtiger und mit so neuen Bezeichnungen wie „Altersarmut", „neue Alterskriminalität" und „Konsumverzicht heute oder morgen" echt der Knaller des Abends. Was mache ich bloß? Mische ich mich ein, wenn Thommy zum nächsten Bier greift? Welche Aufhänger nehme ich am Besten? Ist mein „Klöckner" an? Hauptsache jetzt versagt nicht die Batterie oder, viel schlimmer, ich bringe alle Formeln durcheinander ...

Vorbereitung auf mein Gespräch

Ein Kundentermin. Nicht irgendeiner. Ein Firmenkundentermin. Es ist wieder Präsentationszeit. Ein Tag wie jeder anderer? Nein! Welchen Effekt lasse ich mir heute einfallen? Ich google noch einmal das Unternehmen. Komm`, konzentriere dich. Wie wirkt die Begrüßungsseite des Unternehmens auf dich? Welche Farben benutzen die Unternehmer auf der Homepage, im Logo? Was verbirgt sich für eine Philosophie hinter dem Logo? Recherche ist wahnsinnig aufregend. Ich konzentriere mich und lasse alles auf mich wirken. Gehe auf einige Links, immer auf die Entstehungsgeschichte des Unternehmens. Dann erst habe ich die Idee. Ich muss wenigstens eine bis zwei Stunden vor meinem Termin durch den Ort des Kunden fahren. Jede Stadt hat ihren Duft – ob das auch für Unternehmen gilt?

Ich nehme mein Business Equipment. Eigentlich nichts Besonderes – Laptop, Handy und Beamer sowie den guten alten Notizblock zusammen mit dem Finanztaschenrechner BWK Business®. Er ist sowas wie meine „Kompetenz-Lebensversicherung". Meine Handtasche ist schwarz – obwohl rot, ein tiefes warmes rot, besser zu mir passen würde. „Halte dich zurück!" – übrigens mein persönliches Motto: „GIB ALLES und HALTE DICH ZURÜCK!" Später erkläre ich noch ausführlicher, warum.

Vorbereitung

Apropos, Equipment. Was ziehe ich an? Nein, nein – ich mache es jetzt nicht noch komplizierter. Aber eben noch die Firma gegoogelt und dann der erste falsche Eindruck – das geht überhaupt nicht! Das einzige, was dem Zufall überlassen wird, ist das Wetter. Die Kleidung hingegen muss perfekt zu den Zielen meines Gespräches passen und meine Persönlichkeit lediglich begleiten. Einige Accessoires sind vollkommen ausreichend. Ein Beispiel: Perlenohrringe für Business Frauen sind an der Tagesordnung, aber passen die in ein metallverarbeitendes Unternehmen? Nein, da sind unauffällige Creolen vollkommen ausreichend. Alles klar? Es ist einfach! Unterm Strich ist es beinahe banal. Aber Vorbereitung ist alles. Wirklich!

Kurz vor dem Ziel noch schnell der obligatorische Kontrollblick in den Spiegel – jetzt fängt der Spaß an. Die erste Reklame, ein kleines Straßenschild und dann ein bewachtes Werkstor. Ich frage mich gerade: Wie viele Arbeitsplätze mehr könnten wir allein in Deutschland schaffen für ein bisschen mehr Aufmerksamkeit, Dienstleistung und Service? Ein größerer Ölmulti macht es allen derzeit vor und hat den „Tankwart" wieder eingeführt. Es ist ja nicht so, dass wir alle zu blöd zum Tanken sind. Nein! Es ist nur so: Ich finde es super peinlich, wenn meine Hände gerade die Zapfsäule anfassen mussten und zehn Minuten später reiche ich einem Chef die Hände zum ersten Mal und stelle mich quasi leicht „dieselig" vor. Außerdem habe ich inzwischen meine Lieblingstankstellen und die Tankwarte und ich kommen immer gern ins Plauschen. Auch so habe ich schon nebenbei Geschäfte akquiriert. Wenn ich das richtig professionell bedenke, welcher Supermarkt wäre mein Lieblingsladen, wenn mal einer mir die Tüte nach dem Kassieren zusammen packen würde. Wenigstens an den Feiertagen. Aber gut, es muss noch Themen für die Zukunft geben in der international bekannten Servicewüste Deutschland.

Gestatten Sie an dieser Stelle noch einige Gedanken vor dem eigentlichen Gespräch. Mein Freund, Bernd W. Klöckner, Verkaufstrainer und Kommunikationsprofi für den Verkaufs- und Beratungsprozess, sagte mir in einem der ersten gemeinsamen Seminare: „You must do your share of the work!" (Du musst deinen Teil der Arbeit erledigen!) Und er meinte den Kunden damit. Jeder soll seinen Beitrag im Gespräch/bei der Arbeit leisten. Aber woran messe ich den Teil der Arbeit beim Kunden? Einige erfahrene Coaches/Trainer geben weiter, dass die Augen beim Nachdenken nach links oben gehen. Toll, gucke ich einfach auf die Augen meines Gesprächspartners – strengt ja auch nicht an so bei rund zwei Stunden durchschnittlicher Gesprächsdauer. Am besten ist es, wenn meine Gesprächspartner alle mitschreiben. Wie bringe ich Sie dazu? Langsamer sprechen – schaffe ich. Ich zwinge mich dazu. Viele Fremdwörter – lieber nicht, sonst muss ich die noch erklären! Wir werden dann nie fertig, von einem Abschluss gar nicht die Rede. Paragraphen – das ist es. Kurz & knapp – das dürfte jeden Analysten faszinieren. Und wenn er nun kein Analytiker ist? Männer – meistens sind die Gesprächspartner im Business Männer – sind logisch eingestellte Individuen. Also ein Mix aus Kurzgeschichte (Short Story) und Paragraphen. Bei kurzfristigen Typänderungen meiner Gesprächspartner gilt die Chamäleon-Methode. Die Sprachmuster werden einfach typgerecht gestaltet. Ich greife gern immer wieder auf das gute alte DISG-Modell zurück. Ganz easy und in vielen Büchern bereits weit verbreitet.

Ein kurzer Exkurs sei gestattet:

Dominanter Führungstyp: Er bestimmt das Ziel, den Erfolg klar vor Augen, egal wie und mit wem.

Gefährlich für meine Gespräche, denn eigentlich sind ihm die Mitarbeiter nahezu egal, sie sind lediglich Mittel zum Zweck. Nicht mehr und nicht weniger.

Möglicher Gesprächsverlauf:

Grundsätzlich nach den Zielen fragen und nicht nach dem wie, dafür sind seine „Untertanen" zuständig. Am Besten diesem Chef stets mit einer Prise Demut begegnen:

- „Darf ich ..."
- „Bei mir ist angekommen, dass ..."

Initiativer Führungstyp: Er ist grundsätzlich sozial und emotional geprägt, nur leider kommen seine Mitmenschen nicht immer hinterher. Er hat (zu) viele Ideen und Varianten gleichzeitig im Kopf, ist deshalb auch schnell zu begeistern. Genau das ist nützlich für meine Thematik. Nur muss dann die Komplexität der betrieblichen Altersvorsorge auch strukturiert im Nachgang umgesetzt werden.

Möglicher Gesprächsverlauf:

Nach dem Gesprächseinstieg ist es ratsam, ziemlich schnell nach den gewünschten Prioritäten zu fragen. Damit verliert das Gespräch nicht den roten Faden:

- „Welche Ideen wollen Sie zunächst priorisieren?"
- „Nach welchem Leitfaden wollen wir gemeinsam vorgehen?"

Stetiger Führungstyp: Er ist grundsätzlich in sich ruhend und weiß, um seine innere Mitte. Ich stelle mir immer den Fels in der Brandung vor. Jede Änderung wird aber erst mal angezweifelt und in Frage gestellt. Oft sind das sehr nette Gesprächspartner, da sie sehr ausgeglichen und erfahren wirken.

Möglicher Gesprächsverlauf:

- „Bei Ihrem stetigen Erfolg ergänzt sich ein leicht modifiziertes Personalkonzept hervorragend. Was halten Sie von folgender Idee?"
- „Ihr sehr konstantes Vorgehen hat sich in der Vergangenheit bestätigt. Im Zusammenhang mit den neuen steuerlichen Gesetzesänderungen wäre es nun an der Zeit, konsequent weiterhin zu reagieren. Darf ich Ihnen dazu ebenso gute bewährte Themen vorstellen?"

Gewissenhafter Führungstyp: Er ist grundsätzlich durchstrukturiert und klar mit seinen Aufgaben verankert. Mit diesem Typen kommt man sehr schnell zum Ziel. Meist fehlen hier nur ein paar kreative Muster für weitere Aufgaben, neue Statistiken und Betrachtungen.

Möglicher Gesprächsverlauf:

- „Bei konkreter Betrachtung Ihrer Analyse sehe ich folgende Möglichkeiten ..."
- „Die von Ihnen gewünschten Basiseffekte zur Einsparung könnten sich aus folgenden Modellen zusammensetzen: ..."

____

____

Frage:

- Welcher Typ sind Sie bevorzugt?
- Wie wirken Sie demnach auf Ihre Gesprächspartner?

- **Details dem Training zur Klöckner Methode – von Bernd W. Klöckner**

Veränderung beginnt mit Verstehen. Ein Veränderungsprozess wird unterstützt, indem ein Gesprächspartner aktiv eingebunden wird. Der Satz aus den Bernd W. Klöckner Seminaren und Trainings „You must do your share of the work" ist eine wichtige und entscheidende Voraussetzung für den Zustand Erfolg. Ziel ist der aktive Verkauf. Ziel ist der (den potenziellen Kunden) aktivierende Verkauf. Ziel in einem Verkaufs- und Beratungsprozess muss es sein, mit den Bildern, mit den inneren Bildern eines Kunden zu arbeiten. Eine Person, die sich im Vorfeld mit dem Unternehmen und seinem Umfeld beschäftigt, ist klar im Vorteil. Immerhin geht es bei einem erfolgreichen Abschluss im Bereich bAV um – oftmals – große Summen. Professionalität im Vorfeld im Sinne einer professionellen Vorbereitung ist dabei eine grundlegende Voraussetzung für ein gelingendes Gespräch.

Gesprächsbeginn – Vollgas oder Volltreffer

Zurück zu meinem anstehenden Kundentermin.

Die Assistentin empfängt mich freundlich. Ich gehe gern darauf ein. Zeige ihr ein Lächeln. Wir sind nun Verbündete und sie kündigt mich bei ihrem Chef als „Der Termin ist da!" an. Halt! Nur ich bin diejenige bei dieser Dreierbeziehung, die nicht weiß, was alles bis dato in dem Unternehmen vorgefallen ist. Positiv oder negativ spielt keine Rolle. Die vielen internen und externen Erlebnisse des Arbeitstages meine ich. Ich benötige diese äußerst relevanten Informationen noch vor meinem Gespräch mit dem Chef, also stelle ich einfache, aber sehr gezielte Fragen wie:

„Sagen Sie, ich habe eine Frage. Diese Frage ist für mich sehr wichtig. Darf ich Sie Ihnen stellen, bevor Sie mich Ihrem Chef ankündigen?"

oder:

„Bevor Sie mich bei Ihrem Chef ankündigen, möchte ich mich Ihnen gern vorstellen. Darf ich Ihnen auch meine Visitenkarte überreichen?"

Die Eingeweihten der Klöckner Methode haben es sicherlich schon beim Lesen erkannt. Ich war Bernd sehr dankbar für dieses kleine bedeutende und wieder entdeckte Wort „**Darf**". Bei unseren Kindern achten wir doch relativ konsequent auf die richtige Fragestellung. Beim Kunden – Chef hin oder her – im Gespräch auch?

Meine Fragen vor dem „Klöckner-Seminar" fingen so in etwa an:

„Sagen Sie, wie muss ich dieses oder jenes verstehen?"

„Erklären Sie mir bitte, warum ist das ...? „

„Zeigen Sie mir bitte, wie ..."

Ich empfand diese Art der Gesprächsführung stets als höflich. Schließlich kam das Wort „bitte" darin vor. Aber die Wirkung hat es leider mit unter verfehlt. Das waren für mich im Nachhinein so genannte „Rechenschaftsfragen". Für mich heute ein absolutes Tabu! Mit den kleinen Worten „Dürfen/Darf" habe ich mich wohler gefühlt und vor allem meine Gesprächspartner waren oft auch für sich selbst ungewohnt offen. Ein Vorstand sagte mit irgendwann im Gespräch: „Warum erzähle ich

Ihnen von mir privat. In diesen Räumen ist mir das noch nie passiert." Sie ahnen es, es war eines meiner schönsten Gespräche. Es war so zwischenmenschlich und doch von großer geschäftlicher Bedeutung für die Arbeitnehmer seiner Unternehmensgruppe und für ihn als Arbeitgeber mit den notwendigen kurzfristigen Effekten in der Gewinn- und Verlustrechnung.

Details dem Training zur Klöckner Methode – von Bernd W. Klöckner

Eine weitere, grundlegende Gesetzmäßigkeit als Voraussetzung für den Erfolg in Verkaufs- und Beratungsprozessen ist eine gelungene Kooperation. Es ist ein (mitunter gravierender) Unterschied, ob Sie mit einer Frage in einer Beratung immer und immer wieder so „herausplatzen" oder ob Sie Dinge sagen und fragen wie „Ich habe eine Frage an Sie ... es ist eine wichtige Frage. Frage, darf ich etwas konkreter nachfragen ...". So oder ähnlich. Wenn Sie bislang noch nicht an einem Intervall-Training zur Klöckner Methode live teilgenommen haben – das sollten Sie –, dann klingen diese und andere Formulierungen zunächst zugegeben gewöhnungsbedürftig. Tatsache jedoch ist: Es funktioniert. Und im Zweifel gilt als erfolgreich, was funktioniert. Die alles entscheidende Botschaft für Sie lautet: Setzen Sie das Prinzip „Kooperation" ein. Nutzen Sie Kooperation. Fordern Sie Kooperation ein.

Gehen Sie mit mir gedanklich noch einmal zur Assistentin zurück. Sie hat jetzt meine Visitenkarte erhalten. Quasi als erste in diesem Unternehmen von mir – noch vor dem Chef! Bestimmt hat sie sich das gemerkt, ich hatte jedenfalls nie Probleme, jemanden im Unternehmen nicht zu erreichen. Eine tolle Frau, so eine Assistentin!

Der Chef kommt auf mich zu. Meine Konzentration steigt – der erste Eindruck. Meine Erlebnisse bestätigen jetzt, welche Tragweite bereits in diesen Sekunden liegt.

Chef 1:

Knöpft noch im Gehen sein Jackett zu, greift hastig nach irgendeinem Notizbuch und kommt hastig dem Termin, also mir, entgegen.

Wirkung: Alles klar – aber bloß keine Vorurteile. Kann eine Momentsituation sein, zugegeben. Richtiges Wohlbehagen kommt in mir nicht auf. Fühle mich als Termin dazwischen geschoben. Meine Dankbarkeit für dieses Zeitfenster wird leicht aufgezwungen. Signal für mich: Jetzt Vollgas! Es soll sich für den Chef gelohnt haben, mit mir ins Gespräch zu kommen.

Oder es ist ganz anders.

Er hat es einfach verschwitzt, der Termin ist ihm trotzdem wichtig. Schließlich ist er der Chef hier und setzt für sich Prioritäten. Egal. Keine Hypothesen mehr, keine Vorurteile! **Vollgas** ist nun angesagt.

Chef 2:

Alles ist perfekt vorbereitet. Der Gesprächsraum ist mit Technik ausgestattet und mit Getränken hergerichtet. Er freut sich, dass seine Gesprächspartner auch pünktlich sind. Die Atmosphäre ist entspannt, jeder ist er neugierig auf die neuen Persönlichkeiten und den Nutzen aus diesem Gespräch. Jetzt ist der **Volltreffer** angesagt!

Chef 3:

Der Chef zwischen **Vollgas** und **Volltreffer** – er legt einen engen Zeitrahmen fest, betont, dass es andere Kerngeschäftsfelder gibt und möchte einfach nur mal wieder überrascht werden. Jetzt liegt es an mir – will ich das Geschäft in diesem Umfeld oder kann ich gegebenenfalls darauf verzichten? Genauso treffe ich die Entscheidungen. Wenn die Aura stimmt, bin ich für eine „Überraschung“ gut, wenn nicht, hat eben mein Gesprächspartner Pech. Und das meine ich genauso. Nicht arrogant – sondern schlicht selbstbewusst: „Schade für ihn!“

Wie soll nun ein „VOLLGAS“, ein „VOLLTREFFER“ oder gar eine „ÜBERRASCHUNG“ konkret aussehen?

„Vollgas" für Chef 1:

Diese Situation lässt so viele Interpretationen zu, dass ich von irritiert über unsicher bis hin zur absoluten Selbstbewusstheit alle Gefühlslagen zulassen könnte. Der Profi sagt auch gern dazu: ambivalente Stimmungslage. Das ist ein Moment, in dem einige Berater – meist männlicher Natur - im wahrsten Sinne des Wortes einknicken. Uns Frauen ist klar, hier hilft einfach nur direktes Erfragen der Sachlage. Welcher Mann fragt schon gern? Sie wissen, wie ich es meine. So ein Alphamoment ist mit einer klar und deutlich formulierten Frage dann überwunden und alles kann danach mit *Vollgas* angegangen werden. Ein kurzes Beispiel aus der Praxis:

„Sie wirken gerade sehr abgehetzt auf mich. Ist dieser Termin jetzt mit mir für Sie in Ordnung?"

oder
„Sie kommen im Eiltempo auf mich zu, dafür bedanke ich mich. Sehe ich es richtig, dass Ihnen unser Termin besonders wichtig ist?"

etc.

Mit Vollgas meine ich konkret, dass ich seine Wirkung auf mich, als Berater, als Termin, meinem Gesprächspartner widerspiegele. Damit erhält er die Chance, seine derzeitige Situation wiederzugeben. Das sind für mich immer sehr nützliche Informationen, entweder für die spätere Argumentation oder um zu verstehen, wie das Unternehmen einfach tickt. Bei meiner Termindichte ist es auch kein Problem, einen Termin zu verschieben. Warum auch nicht? Jeder von uns plant seinen Tag und gleich in der Früh kommt beispielsweise mein kleiner Sohn zu mir und hat Fieber. Dann ist meine Tagesplanung auch „für die Katz". Warum soll es meinen Gesprächspartnern nicht ähnlich gehen? Warum sollte ich dafür kein Verständnis zeigen? Das „Menscheln" ist im Tagesgeschäft fast in den Hintergrund geraten. Nur in Krisenzeiten hinterfragen wir vorsichtig: „Wie geht es Dir eigentlich?" Wer genug Termine plant, hat mit dem Ausfall von einem bis zwei Terminen pro Woche gar kein Problem. Ich rede nicht von Hinhaltetaktikern, sondern von ernsthaften Gründen.

Also: *Vollgas* heißt, verlasse Deine Zone und gehe in die Zone Deines Gesprächspartners und spreche es konkret und höflich an. Hand aufs Herz: Wer geht so vor? Trauen Sie sich!

„Volltreffer" – Chef 2:

Ich bin immer wieder aufs Neue erstaunt, wie viele Varianten von Besprechungszimmern architektonisch und medientechnisch möglich sind. Ich habe auch schon in Betriebsküchen beraten und in Räumen mit dem Blick auf 2.500 Rinder. Alles ist möglich. Genau das verwende ich, um die Atmosphäre in den ersten spannenden Momente zu entkrampfen. Mir fällt immer etwas Besonderes in diesen Räumlichkeiten auf. Egal, ob es der kleinste Beamer der Welt ist, der von innen beleuchtete Übertopf der einzigen Grünpflanze, die neueste Kaffeemaschine oder die noch von der Oma gehäkelte Tischdecke zur Firmengründung. Es gibt immer eine Geschichte zu der Entstehung dieser Räume. Warum sollte ich mir diese Story entgehen lassen, bevor wir mit dem eigentlichen Thema anfangen? Das ist der *Volltreffer* – mitten ins Herz des Unternehmers, bei dem ich Gast sein darf. Von ihm erfahre ich die Hintergründe, die Visionen, die in diesen Räumen entstanden sind, diskutiert und dann realisiert wurden. In einem Besprechungszimmer fiel mir einmal nichts auf. Auch das ist möglich. Aber im Verlaufe des Gesprächs, merkte ich, dass meine Haut nicht so gespannt war wie in den sonst klimatisierten Räumen. Meine Kontaktlinsen brannten nicht auf den Augen. Das Klima fühlte sich in diesem Raum irgendwie neu an. Ich unterbrach unser Gespräch mit einer Bemerkung: „Sagen Sie, ich muss Ihnen jetzt einfach mitteilen, dass ich mich in Ihrem Besprechungsraum einfach wohl fühle, aber ich kann nicht sagen warum." Meine Gesprächspartner hielten inne und einer schmunzelte. Er sagte: „Sie täuschen sich nicht, wir haben eine neue ökologische Klimaanlage mittels Auffangen von Kondenswasser, das im Dachgeschoss gekühlt wird und an den befeuchteten Betonwänden wieder für angenehme Frische sorgt. So haben wir auch immer die Luftfeuchtigkeit, die wir benötigen, richtig dosiert." Er schilderte bestimmt noch mehr technische Details, aber ich war überwältigt von dieser Umsetzung. Daraufhin entschieden wir, eine Führung im Anschluss an unser Gespräch, persönlich geleitet von ihm, zu erhalten. Sie ahnen es: Ich erfuhr nicht nur von der gigantischen neuen Investition in dieses Verwaltungsgebäude, sondern wusste auch, worauf es diesem Unternehmen einfach ankam. Ich hatte wirklich ein Gespräch mit einem *Volltreffer*: für mich neue Informationen und für meinen Gesprächspartner eine gelungene Führung mit interessanten Nebeninformationen. Was will ich mehr?

Frage an Sie: Wie erfahren Sie von Ihrem Gesprächspartner, worauf er besonders stolz ist, warum er sein Besprechungszimmer so gestaltet hat, warum er für seine Mitarbeiter die Büroräume mit extra großen Fenstern versehen lässt.....? Jedes Gespräch hat eine individuelle Note. Wenn Ihnen das nicht gelingt, brechen Sie einfach ab und überlegen: Wozu bin ich eigentlich hier? Bin ich schon eine Maschine, die sogenannte Beratungsprotokolle zitiert, oder interessiere ich mich wirklich für mein Gegenüber? Wenn Sie diese Frage beantworten, dann wissen Sie auch, wann Sie *Vollgas* geben müssen oder einen *Volltreffer* landen dürfen.

Kombination von „Vollgas" und „Volltreffer" – Chef 3:

Ja, wer möchte Sie nicht erleben, die Überraschung, das positive witzige Erlebnis? Ist das nur noch im Kino zu sehen, wenn solche Filme wie „Zweiohrküken" laufen? Ist es gar die Angst zu weit zu gehen? Die Suche nach Antworten auf diese Fragen fängt schon bei mir an: „Bin ich heute gut drauf?" Auch die Anreisen spielen immer wieder eine große Rolle. Längere Staus nagen an unserem Nervenkostüm, Überlebenskämpfe auf deutschen Autobahnen wegen riskanter Überholmanöver hinterlassen auch ihre Spuren. Aber alles dies zählt nicht, wenn ich von meinem Thema überzeugt bin, wenn ich weiß, es gelten neue Gesetze und ich kenne Sie. Es klingt ein bisschen nach Missionarsarbeit und ich denke, das ist es auch. Ohne pathetisch klingen zu wollen. Nun ja, was zeichnet einen Missionar aus? Dieser verkaufte doch ursprünglich die Bibel im Dschungel an Analphabeten. Nun ja, in der heutigen Gesellschaft würde man sagen: hundertprozentige Überzeugung bei totaler Ahnungslosigkeit. So weit will ich es nicht kommen lassen. Aber der eigentliche Kick entsteht nun mal so. Ich muss also die Themen so verpacken, dass sie nicht daher gebetete Gesetze sind, sondern Metaphern und Vergleiche schaffen, die 1. zum Unternehmen passen und 2. irgendwie leicht und witzig verstanden werden.

Mit Vollgas wissen Sie nun, dass das konkrete Hinterfragen und in die Rolle des Anderen gehen, gemeint ist. Mit Volltreffer erfahre ich ganz nebenbei, wie das Unternehmen tickt. Jetzt würze ich das Ganze mit einer persönlichen Note und kombiniere beides. Ergebnis: ein tolles Gespräch. Die absolute Krönung ist dann nur noch, wenn auch gelacht wird. Nichts verbindet mehr als ein gemeinsames Lachen. Probieren Sie es! Sie werden immer verrückter nach neuen Gesprächen, neuen Terminen, weil Sie es einfach wissen wollen. Vergessen Sie sogenannte Monitorings zur Anzahl von Kundenterminen für Ihre Führungskräfte. Erleben Sie Gespräche und wenn es einmal nicht rund sein sollte, na und? Dann vergeht wem die Chance?

Die nächsten Kapitel dienen Ihnen auch für kurze Notizen, Pausen und Darstellungen. Nehmen Sie sich die Zeit. Blättern Sie auch zurück. Trauen Sie sich!

Meine Art der Business-Rhetorik

Kommen wir zu unserer Herausforderung kurz zurück. Sie wissen, Recherche – also Vorbereitung – ist wirklich Alles. Ein perfektes Aussehen und dieses Gefühl – ja, ich Ruhe in mir selbst und bin mit mir zufrieden – ist megawichtig.

Details dem Training zur Klöckner Methode – von Bernd W. Klöckner

Eine weitere entscheidende Voraussetzung für den Zustand Erfolg ist: Sie müssen im Spitzenzustand sein. Mit Unternehmern erfolgreich über Geld reden, Unternehmen und damit deren Unternehmen als Kunden gewinnen ist ein eigener Spitzensport. Die alles entscheidende Frage lautet also: Sind Sie in einem Spitzenzustand. Wenn nicht, dann sorgen Sie dafür, dass Sie in Ihren Spitzenzustand kommen. Das müssen Sie, wenn Sie Erfolg haben wollen. Es gibt eine weitere und entscheidende Voraussetzung: Dasein! Ich meine 100-prozentiges Dasein. Vielleicht kennen Sie den Begriff Multitasking? Dieser Begriff bezeichnet die Illusion, wir könnten mehrere Dinge gleichzeitig. Irrtum! Gefährlicher Irrtum! Wir können richtig nur eine Sache abarbeiten. Sorgen Sie also dafür, dass Sie im Spitzenzustand sind und das Sie „da“ sind.

Zurück zur Business-Rhetorik. Wenn Sie bis dahin mit mir mitgehen, dann kommt wie von selbst der Zeitpunkt, ab dem alle Konzentration, alle Neugierde ab sofort unserem neuen Gesprächspartner gelten. Was für eine Atmosphäre! Eine Art „Business Liebe", wenn es so einen Zustand überhaupt gibt. Das Gute daran ist, dass dieses absolut von allen Anwesenden gespürt wird. Vollkommen egal, welche Geschlechter im Gespräch sind. Gleichwohl ist ein Mix stets erleichternd. Wer auch immer jetzt nach einem kurzen Smalltalk zu mir überleitet – die Augen sind nur auf eine Person gefixt – auf Sie als Spezialberater gewissermaßen.

Variante 1: „Der Eisbrecher"

„Ich weiß, Sie erwarten jetzt von mir eine fachliche Präsentation. Wenn Sie erlauben, würde ich mich zuerst Ihnen gern persönlich vorstellen ..."

Darf ich Ihnen noch zwei für mich sehr wichtige Fragen stellen ..."

Sie merken es selbst. Spätestens nach der zweiten Einleitung muss ein Dialog entstehen. Jeder Chef ist Ihnen dankbar, dass er in seinen eigenen Räumen von sich und von seinem Unternehmen erzählen darf. Diese Informationen, die wie von selbst nahtlos aneinander gereiht werden, sind goldwert. Bitte, bitte schreiben Sie jetzt unbedingt einiges mit!

Beispiele:

- Gründung durch Familie
- diverse Fusionen in den letzten Jahren
- dieses Jahr steht Konsolidierung für uns im Vordergrund
- nächstes Jahr stehen Filialerweiterungen an
- wir müssen den Tarif begleiten, ob wir wollen oder nicht

Platz für eigene Notizen ...

Variante 2: „Workshop statt Monolog"

Der Chef leitete direkt nach einer kurzen Einleitung zu mir über. Mir fehlten noch viele Informationen – ganz klar. Ich hatte zu dem auch das Gefühl eine Präsentatorin von vielen zu sein. Das kann ich von Hause aus nicht zulassen. Im Gesprächsraum stand lieblos abgestellt ein Flipchart in der Ecke. Ich fragte, ob es möglich sei, wenn wir im ersten Schritt von der heutigen Situation im Unternehmen ausgehend bis hin zum Wunsch des Unternehmers gemeinsam arbeiten könnten. Ohne Zögern kam das „Okay" fast einhergehend mit dem Ausziehen der Jackets und dem Aufkrempeln der Hemdsärmel. Wir befanden uns von einer Sekunde auf die andere in einem echten Arbeitskreis. Auf mich wirkte dieser Moment wie ein regelrechtes Aufatmen meiner Gesprächspartner, zugegeben ein wenig amüsierte es mich auch. Später sollte sich herausstellen, dass das die beste Idee an diesem Morgen war.

... unsere Sprache ist PowerPoint

Im täglichen Geschäftsleben merken wir Berater oft nicht mehr, dass wir eine uns eigene Kommunikation, beinahe möchte ich Fremdsprache dazu sagen, entwickelt haben. Ich nenne es gern „PowerPoint-Sprache". In ganz tief schwarzen Situationen sind wir gerade noch in der Lage die Zeilen ab- oder vorzulesen. Das Wechseln der Folien, oder auch gern neudeutsch „Slights", in weniger als einer Minute wird auch als kleiner Film vom Zuschauer, pardon Zuhörer, empfunden. An besseren Tagen kann der Eine oder Andere schon mal von der Folie gedanklich weggehen und eine Story einbauen. Welche Abweichungen vom Skript! Beinahe mutig! Wo sind die Dialoge geblieben? Wo bleibt das aktive Zuhören, sich in die Augen schauen? Woran erkennt mein Gesprächspartner, dass ich mich für ihn, für seine Belange, für sein Unternehmen interessiere, wenn ich nur an den Folien klebe? Erst kürzlich forderte mich ein Unternehmer auf, bitte nur ein weißes Blatt Papier zu benutzen. Mein Laptop flog just vor seinen Augen augenblicklich an die Wand, natürlich einigermaßen gefühlvoll. Unser Gespräch war sofort locker, offen und sehr humorvoll. Vor allem sind wir aber schnell auf den berühmten Punkt gekommen. Nach nur einer Stunde wusste er nicht nur, dass er eine Entscheidung treffen musste, sondern welche Auswirkungen seine Nichtentscheidungen haben werden. Das war für uns beide mit Blick auf das Ergebnis mehr als ein effizientes Gespräch.

Details dem Training zur Klöckner Methode – von Bernd W. Klöckner

Keine noch so gute Präsentation ersetzt das Arbeiten mit und an den inneren Bildern Ihrer Kunden. Im Zweifel sorgen Sie mit der alten Methode „Stift, Blatt Papier und einem Finanzrechner" für weitaus mehr Nähe und Aufmerksamkeit als mit der perfekt vorbereiteten PowerPoint- oder anderen Folienpräsentation. Dazu kommt: Sie können sich sicher sein, dass bereits – zumindest in den meisten Fällen – andere Berater vor Ihnen mit Ihrem Gegenüber gesprochen haben. Die Wahrscheinlichkeit, dass diese Wettbewerber ebenfalls mit „perfekter" Präsentation gearbeitet haben, ist groß. Das Dumme ist nur: Fehlerfreie, in Perfektion vorbereitete Präsentationen sind schnell schlichtweg langweilig. Die alles entscheidende Botschaft lautet: Sorgen Sie für einen sogenannten „Mismatch". Machen Sie irgendetwas entscheidend und grundlegend anders als die Wettbewerber. Das müssen Sie. Denken Sie stets daran: Sie sprechen mit Menschen über Geld. Sie verkaufen keine bAV-Lösungen an Unternehmer. Sie sprechen mit Menschen, die in diesem Fall Unternehmer sind, über Geld. Dazu kommt ein weiteres Detail: In verschiedenen Studien wurde gezeigt, dass beim Arbeiten mit „perfekten" Präsentationen die Aufmerksamkeit oft mehr „in" der Präsentation ist als beim (potenziellen) Kunden. Ihre Aufgabe lautet: Sorgen Sie dafür, dass Sie bei Ihrem (potenziellen) Kunden sind. Sorgen Sie dafür, dass Sie angenehm anders auffallen. Sie haben bekanntlich sieben Sekunden für den ersten und dann nochmals sieben Minuten für den zweiten Eindruck. Ich sage Ihnen: Nutzen Sie Ihre entscheidenden sieben Minuten und seien Sie angenehm anders! Ebenfalls wichtig, Teilnehmer/innen der Bernd W. Klöckner Seminare und Trainings wissen das: Binden Sie Ihr Gegenüber ein. Finden Sie gemeinsam mögliche Handlungsalternativen und dann erarbeiten Sie gemeinsam die Auswirkungen. Oftmals sind die Auswirkungen, wenn ein (potenzieller) Kunde sie mit eigenen Worten selbst beschreiben muss, eine wertvolle und sehr, sehr wichtige Intervention. Sagen Sie Sätze wie „Alles, was Sie tun und entscheiden, hat Auswirkungen. Wenn Sie sich für A entscheiden, hat es die Auswirkungen 1,2,3 und 4 und wenn Sie sich für B entscheiden, dann hat es die Auswirkungen 5,6,7 und 8.

Präsentieren Sie noch? – Das Visionsdreieck

Unternehmer müssen Visionen haben, sonst würden sie ihren Job nicht verstehen. Warum arbeiten wir in der Beratung nicht genau damit? Schließlich sind wir nicht mehr oder weniger als ein Berater. Dem Unternehmer müssen wir stets zuhören, denn er versteht offensichtlich sein Handwerk und darüber hinaus hat er eine enorme soziale Verantwortung für die Seele seines Geschäftes – für seine Angestellten. In diesen krisenbehafteten Zeiten umso mehr.

Angenommen, die Vision ist bekannt, dann haben wir auch die Kenntnis über die Ziele, die das Unternehmen erreichen soll. Unterhalb einer Vision baut darauf eine Mission, eine Aufgabe auf. Die Aufgabe kann nur mit vielen verschiedenen Indikatoren, also Teilaufgaben und Parametern, realisiert werden.

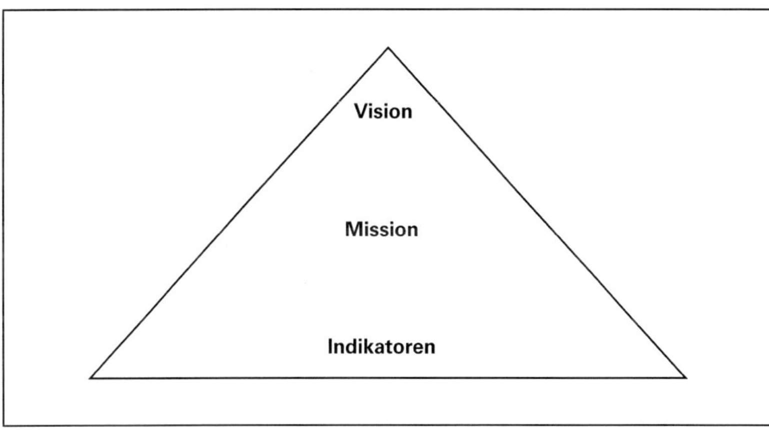

Aufgabe

Kennen Sie Ihre Vision?

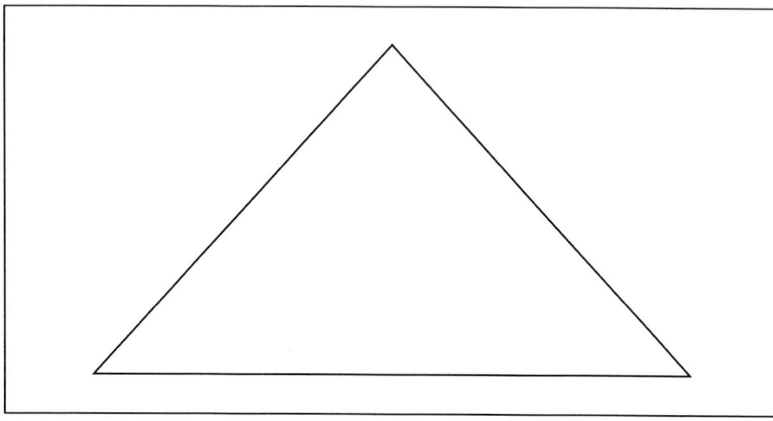

Hinweis:
Bitte halten Sie unbedingt die Reihenfolge der nachstehenden Bilder ein.

Flip 1: Name des Unternehmens

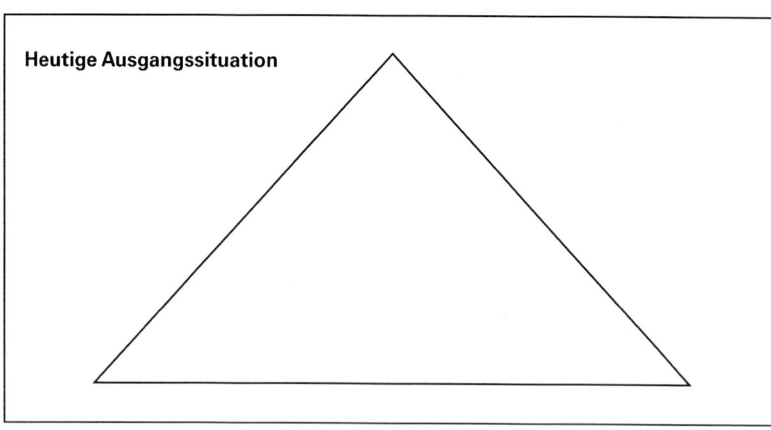

Frage an die Gesprächsteilnehmer des Unternehmens:

- Wie viele Hierarchien dürfen in Ihrem Unternehmen Entscheidungen treffen?

  (Meist kommt hier ein kleiner Lacher – nichts verbindet mehr!)

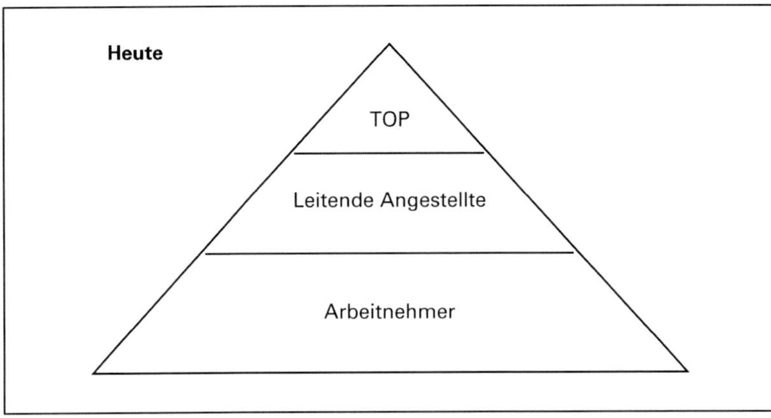

Anmerkungen: TOP steht für Topmanagement, das heißt CFO, GGF, Vorstand etc.; Leitende AN für Prokuristen, Abteilungsleiter, Meister; Arbeitnehmer für gewerbliche Arbeiter, Mitarbeiter und Angestellte

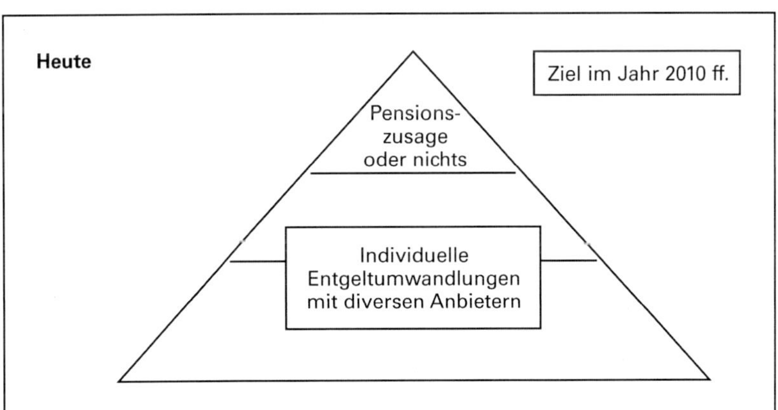

Frage: Welche Motivationen haben Sie bereits zur Verfügung gestellt (außer beispielsweise einer Kantine)? Meist kommt hier die Information „zu viel Urlaub!“ – übrigens eine „Goldinfo“.

Frage: Wo wollen Sie mit Ihrer Belegschaft künftig stehen?

Anmerkung: Jetzt sehen Sie, wozu dieser Dialog in einem kleinen Arbeitskreis so wichtig ist. Die Informationen auf jeder Hierarchiestufe werden plastisch vor das Auge der Geschäftsführung geholt und in dem Moment, in dem sehr deutlich wird, was für die Menschen in dem Unternehmen geschaffen werden kann, entstehen auch weitere Visionen. Wir wollen uns in diesem (Arbeits-)Buch auf die Betriebsrente eines Unternehmens konzentrieren. Andere Incentives sind durchaus kreativ und lukrativ für Unternehmen. Beispielsweise betriebseigene Kindergärten, quasi als firmeneigenes Recruitment – nicht der schlechteste Ansatz mit Blick auf den Demografiewandel.

Damit die Ziele auch jedem Typ Chef plausibel werden, geben wir auch gern einen analytischen Tipp:

Mittels moderner Software wie VI prof. (= Vorsorgeinventur professionell) lässt sich in Minuten darstellen, welche Auswirkungen eine Betriebsrente auf den Arbeitnehmer und für die Arbeitgeberseite hat. Ohne Laptop ist der Klöckner Rechner BWK Business® genau die richtige Unterstützung.

Hier einige Rechenbeispiele für Sie – zum Untermauern des Visions-Dreiecks: Ihnen sollte und wird bekannt sein, dass sich für den Arbeitnehmer die betriebliche Altersvorsorge rechnet. Er investiert in eine Altersvorsorge aus seinem Bruttolohn. Vom Investitionsbetrag werden keine Steuern und Sozialabgaben abgeführt, so der Vorteil der Entgeltumwandlung.

BEISPIEL

Ein 35-jähriger Arbeitnehmer verdient 3.200 Euro brutto. Es werden weiterhin 14,90 Euro VL bezuschusst. Für ledige Arbeitnehmer fällt in diesem Gehaltssegment in jedem Fall die staatliche Arbeitnehmersparzulage weg. Aus diesem Grund wird es vorteilhaft für den Arbeitnehmer sein, seinen VL-Beitrag in AVWL umzuwandeln – hierzu jedoch in einem späteren Kapitel mehr. Der Arbeitnehmer möchte 80 Euro per Entgeltumwandlung in die bAV zahlen. Was passiert auf seinem Lohnstreifen?

Lösung

Hier die Gegenüberstellung aus Arbeitnehmersicht bei Entgeltumwandlung von 80 Euro:

	ohne bAV – mit VL	mit bAV – VL in AVWL
Bruttolohn	3.200,00 €	3.200,00 €
– bAV-Beitrag	0,00 €	–65,10 €
+ VL-Arbeitgeberanteil	14,90 €	14,90 €
– AVWL-Beitrag	0,00 €	–14,90 €
Bruttolohn nach bAV/VL	3.214,90 €	3.134,90 €
– Steuern	–637,56 €	–610,13 €
– Sozialabgaben	–667,89 €	–651,27 €
– VL-Beitrag	–14,90 €	0,00 €
Summe der Abzüge	1.320,35 €	1.261,40 €
= Nettogehalt	1.894,55 €	1.873,50 €

Nettoaufwand in diesem Fall sind lediglich 21,05 Euro für einen Sparbeitrag von 80 Euro über Entgeltumwandlung. Eine Förderquote von rund 74 Prozent. Welcher Arbeitnehmer würde das nicht machen. Bei VL erhält er höchstens 20 Prozent Förderung auf 34 Euro monatlich und das erst nach der Sperrfrist von 7 Jahren. Hier erhält er 74 Prozent sofort und zwar auf einen Sparbeitrag von insgesamt 80 Euro (maximal 4 Prozent der Beitragsbemessungsgrenze), 14,90 Euro AVWL-Beitrag und 65,10 Euro bAV-Entgeltumwandlung.

Doch was hat der Chef von der Umstellung? Ist er genauso glücklich, wie der Arbeitnehmer nach der Umstellung? Hier die Gegenüberstellung und finanziellen Vorteile des Arbeitgebers.

	ohne bAV – mit VL		mit bAV – ohne VL
Sozialversicherungspflichtige Bezüge des Arbeitnehmers	3.214,90 €		3.134,90 €
Entgeltumwandlung	0,00 €		80,00 €
– Rentenversicherung	319,88 €		311,92 €
– Arbeitslosenversicherung	45,01 €		43,89 €
– Krankenversicherung	234,69 €		228,85 €
– Pflegeversicherung	31,35 €		30,57 €
Summe der Sozialabgaben:	630,93 €		615,23 €
= Ersparnis pro Arbeitnehmer pro Monat			15,70 €
= Ersparnis pro Arbeitnehmer pro Jahr			
= Ersparnis bei 400 Arbeitnehmern pro Jahr			

Hier bleiben dem Arbeitgeber 15,70 Euro pro Monat und Arbeitnehmer in der Tasche. Nun die Multiplikatoren:

- Jährlich bedeutet das eine Sozialversicherungsersparnis von 188,40 Euro pro Arbeitnehmer.
- Bei 400 Arbeitnehmern sind es dann wieder jährlich 75.360 Euro reduzierte Lohnnebenkosten in der GuV-Rechnung.

Ein wirklich gutes Geschäft.

Greifen Sie nun zu Ihrem Finanzrechner BWK Business® und berechnen das Endvermögen bei Renteneinstieg mit 65 Jahren – also in 30 Jahren. Die Rendite des Sparbetrags von 80 Euro beträgt 7 Prozent.

Eingabe	Display-anzeigen	Erklärung
12 P/YR	P/YR 12,00	Es wird monatlich gespart.
30 xP/YR	N 360,00	Bis zum Renteneintritt vergehen noch 30 Jahre.
7 EFF%	I/YR NOM% 6,78	Es wird eine Rendite (Effektivzins) von 7 Prozent erzielt.
0 PV	PV 0,00	Keine Einmalanlage zu Beginn.
80 +/– PMT	PMT –80,00	Monatliche Sparrate durch Entgeltumwandlung.
FV	FV 93.556,21	Berechnung des Vermögens bei Renteneintritt.

Ergebnis: Der Arbeitnehmer erreicht ein Vermögen von ca. 93.500 Euro. Lassen Sie alle Angaben im BWK Business® gespeichert.

Nun noch einen Schritt weiter. Wir haben vorher die Förderquote herausgearbeitet. Wie hoch ist jedoch der Effektivzins – nachgelagerte Besteuerung mal außen vor gelassen – bei diesem Geschäft für den Arbeitnehmer?

Eingabe	Display-anzeigen	Erklärung
21,05 +/– PMT	PMT –21,05	Der Nettoaufwand beim Arbeitnehmer entspricht 21,05 Euro.
I/YR	I/YR NOM% 13,07	Berechnung des Nominalzinses.
EFF %	EFF% 13,88	Umrechnung in den Effektivzins

Bei 7 Prozent Anlagezins erzielt der Arbeitnehmer durch Entgeltumwandlung fast den doppelten Effektivzins mit 14 Prozent.

Für Sie gilt: Nehmen Sie sich das heraus, was Sie dem Arbeitgeber präsentieren möchten. Rechnen Sie so, dass der Arbeitgeber folgen kann. Nutzen Sie den BWK Business® als Kompetenztool. Der Arbeitgeber sollte nun informiert sein, dass sich das Geschäft Entgeltumwandlung für ihn und für seine Arbeitnehmer rechnet. Je mehr gespart wird, desto mehr rechnet es sich für ihn und auch für Sie.

Details dem Training zur Klöckner Methode – von Bernd W. Klöckner

Wenn Sie es sich zutrauen, dann bitten Sie – je nach Situation und der grundlegenden Chemie im Gespräch – den Arbeitgeber darum, dass er mit wenigen Worten wiedergibt, wie er alles verstanden hat. Das klingt zunächst eigenartig. Und es kann eine wichtige Intervention sein. Sagen Sie Dinge wie „Bevor wir weitermachen, habe ich eine Bitte. Wenn Sie mit Ihren Worten beschreiben müssten, was genau der Vorteil für Sie und für Ihre Arbeitnehmer ist, wie würden Sie diesen Vorteil beschreiben?" Das klingt – zugegeben – eigenartig. Und es funktioniert. Einmal mehr werden Sie angenehm anders sein als alle anderen.

Teil 2

Exkurse – mehr Details

Symbiose von Demografie, betrieblichem Gesundheitsmanagement und betrieblicher Altersvorsorge

Sie haben sich einen kleinen bAV-Schnupperkurs für mittlere und größere Firmen erarbeitet. Verschiedene Rechenmethoden ausprobiert. Es kann aber noch folgendes im Gesprächsverlauf passieren:

Ich fühle mich bereits auf sicherem Terrain. Der Unternehmer und seine Assistenten zeigten sich sehr aktiv. Mitten im Gespräch fällt so nebenbei der alles vernichtende Satz: „Sie wissen ja, die bAV ist nicht mein favorisiertes Thema. Ich habe das durch mit meinem Makler. Meine Mitarbeiter zeigten keine Resonanz, für die Firma entstand kein Nutzen und unterm Strich wurde viel zu viel Aufriss schon im Vorfeld gemacht. Wenn Sie ausschließlich zu diesem Thema gekommen sind, dann tut es mir sehr Leid."

Ok, ich und Sie sind nun schon viel zu weit, um dieses bAV-Spielfeld mit einer sofortigen Niederlage zu verlassen. Jetzt verrate ich Ihnen mein „kleines Geheimnis" zur komplexen Beratung mit dem Ziel, bAV an einen Chef zu verkaufen, ohne dass er es will, gar jemals wollte.

„Als ich Ihre Firma heute Morgen betrat, ist mir aufgefallen, dass Sie voll auf Ihre Mitarbeiter setzen." Es hing im Foyer eine Art Großplakat mit der Überschrift

„Our 250 – our success"

Darunter ein Foto von jedem Mitarbeiter ohne Hierarchie nahezu wahllos aneinander gereiht.

„Wie alt durften Ihre Mitarbeiter seit dem Foto mit Ihnen werden?"

– Pause –

„Mit welchem Demografieberater analysieren Sie, welche Altersgruppen, Qualifizierungen etc. in welcher Abteilung für die nächsten fünf bis zehn Jahre sinnvoll sind?"

– Ruhe! –

Jetzt setze ich gleich noch einen hinzu:

„Das neue Zusammenspiel zwischen Demografie Ihres Unternehmens und das Einführen eines betrieblichen Gesundheitsmanagements (BGM) führt zu erstaunlichen Resultaten ..."

– Klappe halten! –

Im Hinterkopf schwirren meine neuen Erkenntnisse zur Demografie.

Unter Wikipedia fand ich jüngst diese Definition:

> *Die Demografie (auch* δημογραφία, *von* δῆμοσ, *démos – Volk und* γραφή, *grafé – Schrift, Beschreibung) bzw. Bevölkerungswissenschaft ist eine wissenschaftliche Disziplin, die sich mit dem Leben, Werden und Vergehen von Bevölkerungen befasst, sowohl mit ihrer Zahl als auch mit ihrer Verteilung im Raum und den Faktoren, insbesondere auch sozialen, die für Veränderungen verantwortlich sind. Die Erforschung der Regelmäßigkeiten und Gesetzmäßigkeiten in Zustand und Entwicklung der Bevölkerung wird vor allem mit Hilfe der Statistik erfasst und gemessen, dazu werden Beschreibungs- und Erklärungsmodelle entwickelt.*
>
> *Erst im Zusammenhang mit der politischen Debatte um die Aufrechterhaltung der Sozialversicherungen kamen auch in Deutschland Debatten über die demografische Entwicklung oder den demografischen Wandel wieder auf. Zum Teil bis heute blieb die Diskussion dabei stark auf Themen der Wirtschaft und Sozialsysteme fixiert. So sprach (und spricht man z. T. bis heute) im Hinblick auf die Altersversorgung vom Problem der Überalterung – wobei objektiv nicht die Existenz älterer Menschen, sondern das Fehlen jüngerer (Unterjüngerung) Sorgen bereitet.*

Ganz klar, dass vor einigen Jahren die „Demografie-Beratung" noch ein selten anzutreffendes Pflänzchen war. Inzwischen ist die Saat aufgegangen und besticht durch Vielfältigkeit. Mittelständische wie große Unternehmen können auf unterschiedlichste Beratungsangebote zurückgreifen: Freiberufliche Demografie-Berater bieten ihre Expertise an, namhafte Institutionen und innovative Verbände erweitern ihr Beratungsangebot um das Thema der betrieblichen Demografie.

Dabei besteht kein Grund zum „Futterneid" – in deutschen Unternehmen gibt es in Sachen Demographie-Festigkeit genug Beratungsbedarf, wie aktuelle Studien zeigen. Einen Beitrag zur weiteren Professionalisierung der Demografie-Beratung bietet rebequa – Regionale Beratung und Qualifizierung – mit einem aus der Beratung entstandenen Kennzahlensystem für eine nachhaltig erfolgreiche Personalstruktur.

Zur Feststellung einer nachhaltigen Personalstruktur hat das rebequa Programm 15 Kennzahlen entwickelt und diese qualitativ wie quantitativ differenziert aufgeschlüsselt. Diese Kennzahlen sind aus der Demographie-Beratung zahlreicher Unternehmen seit 2006 entstanden. Die Bundesregierung unterstreicht diesen Ansatz. Es sei „absolut erforderlich, Chancen und Risiken des demographischen Wandels frühzeitig zu erkennen und Erfolg versprechende Anpassungsstrategien zu identifizieren," so der ehemalige Bundeswirtschaftsminister zu Guttenberg.

Das Kennzahlensystem von rebequa erfasst die wichtigsten 15 Indikatoren im Bereich Personalmanagement. Dazu gehören die Themen Altersstruktur der Belegschaft, mittelfristiger Fachkräftebedarf, Weiterbildung, Gesundheitsmanagement, Fluktuation und Fehlzeiten. Das Kennzahlensystem ermittelt die Qualität und die Perspektiven der Personalstruktur unabhängig von einzelnen Maßnahmen und/oder eingesetzten Instrumenten. Nach Auswertung der Kennzahlen kann der Betrieb systematisch und aufeinander abgestimmt weitere Aktivitäten planen und durchführen, um Innovations- und Wettbewerbsfähigkeit zu erhalten bzw. „demographiefest" zu bleiben.

Ein gutes Beispiel soll an dieser Stelle nicht unerwähnt bleiben:

Die Agentur für Arbeit will die Betriebe künftig verstärkt bei dieser wichtigen Aufgabe unterstützen und hat jetzt im Raum Rhein-Main-Neckar ein bundesweit einmaliges Modellprojekt gestartet. Speziell ausgebildete

Demografieberater werden Unternehmen hinsichtlich einer demografiesensiblen Personalarbeit beraten, die Altersstruktur des Unternehmens analysieren, Schwachstellen aufdecken und Weiterbildungspotenziale ermitteln.

„Laut statistischem Bundesamt werden bereits 2020 die 50- bis 64-Jährigen mit 40 Prozent aller Beschäftigten die zweitgrößte Beschäftigungsgruppe stellen“, erläutert Otto-Werner Schade, Chef der Regionaldirektion Rheinland-Pfalz-Saarland, die Hintergründe der Initiative. „Das neue Dienstleistungsangebot der Agentur für Arbeit soll einer altersbedingten Abschwächung des Produktivitätsfortschritts in den Betrieben vorbeugen. Dabei wird es auch um Strategien gehen, wie der Kampf um Köpfe erfolgreich ausgefochten werden kann.“

Ab Mai 2009 Jahres soll die konkrete Projektumsetzung in einzelnen Unternehmen der Metropolregion Main-Rhein-Neckar erfolgen. Dabei wird es zunächst einen Demografie-Check und eine differenzierte Analyse der Altersstruktur der Mitarbeiter geben. Anschließend wird gemeinsam mit der Unternehmensleitung ein Maßnahmenkatalog zu ausgewählten Handlungsfeldern wie Personalrekrutierung, Gesundheitsmanagement, Arbeitszeitgestaltung, Personalentwicklung und Wissenstransfer entwickelt. Schließlich werden konkrete Maßnahmen umgesetzt und die Wirkung in einer Evaluationsphase beobachtet und dokumentiert. Für den Bezirk Worms hat die Agentur für Arbeit Mainz zwei Mitarbeiter zu zertifizierten Demografieberatern weitergebildet.

„Unsere Demografieberater stehen bereits mit mehreren Betrieben in engem Kontakt“, erklärt Peter Weißler, Vorsitzender Geschäftsführer der Mainzer Arbeitsagentur. „Die Reaktionen sind sehr positiv. Die Idee, durch das Aufdecken von Chancen und Risiken der eigenen Personalarbeit die Wettbewerbfähigkeit langfristig zu erhalten, kommt gut an.“

Eine Studie im Auftrag der Commerzbank belegt:

Die Umstellung der Marktstrategien ist in vollem Gange: 90 Prozent der Unternehmen reagieren auf den demografisch bedingten Wandel im Privatkundenmarkt und setzen dabei auf eine Anpassung (59 Prozent) und Ausweitung (58 Prozent) ihrer Produkt- und Dienstleistungspalette.

Dies gilt – wenn auch in etwas geringerem Maße – für die zielgruppenspezifische Kundenansprache, die von 52 Prozent der Unternehmen gepflegt wird.

50 plus: nicht eine, sondern viele Zielgruppen mit sehr unterschiedlichen Ansprüchen.

Der Begriff ‚Seniorenmarketing' gehört aufs Altenteil. Die Unternehmen haben zur Kenntnis genommen, dass die Altersgruppe 50 plus äußerst heterogen ist und keinesfalls durch stereotype Ansprache erreicht werden kann. Im Gegenteil: Das klischeebehaftete Anbiedern an die älteren Kunden gerät aus deren Sicht in die Nähe von Stigmatisierung und geht völlig an den sich ständig verändernden, generationsübergreifenden Lebenswelten vorbei. Das bestätigen vor allem jene Unternehmen sehr deutlich, die heute schon einen Schwerpunkt im Kundensegment 50 plus haben. Angesichts der Komplexität der Zielgruppen fehlt es vielen Anbietern aber noch an Gespür für ihre ältere Kundschaft, Ideen für eine altersspezifische Anpassung ihrer Produkte und den richtigen Zeitpunkt der Markterschließung.

Die Heterogenität der ‚Best' oder ‚Silver Agers' wird von den Unternehmen, die heute schon einen Schwerpunkt im Kundensegment 50 plus haben, mit großer Deutlichkeit bestätigt. Die Befragten aus dieser Gruppe sind noch häufiger als die Gesamtwirtschaft der Ansicht, dass 50 plus keine einheitliche Kundengruppe darstellt (61 Prozent, +6 Punkte im Vergleich zur Gesamtwirtschaft) und dass ältere Zielgruppen nicht durch ein uniformes ‚Seniorenmarketing' erreicht werden können (43 Prozent, +4 Punkte).

Der Mittelstand strebt die Verjüngung der Belegschaften an – am demografischen Trend vorbei.

Das Verhältnis von heute spürbaren und in Zukunft zu erwartenden Veränderungen der Altersstruktur in Deutschland kehrt sich auf dem Arbeitsmarkt um: Mit einem demografisch bedingten Personalmangel rechnen die Unternehmen erst auf längere Sicht – die Sorge gilt dabei in erster Linie den Auszubildenden und den High Potentials. Zwar frönt der Mittelstand keineswegs mehr einem ausgesprochenen Jugendwahn, er strebt aber dennoch am demografischen Trend vorbei eine Verjüngung der Belegschaften an. Ein weiterer Risikofaktor für das demografische Fundament der Wirtschaft: In den Belegschaften der meisten Unternehmen dominiert die Altersgruppe der 30- bis 50-Jährigen sehr stark. Mittelfristig kommt darin ein riskantes Missverhältnis zum Ausdruck. Denn in zehn bis 15 Jahren steigt das Durchschnittsalter dieser Belegschaften stark an, während es an Nachwuchs aufgrund geburtenschwacher Jahrgänge mangelt.

Zwar befindet sich der Anteil jüngerer und älterer Mitarbeiter derzeit im Gleichgewicht: Jeweils ein knappes Viertel der Belegschaft ist unter 30 Jahre alt (24 Prozent) oder älter als 50 Jahre (23 Prozent). Aber die Mehrzahl der Beschäftigten gehört der mittleren Altersgruppe von 30 bis 50 Jahren an (53 Prozent).

Die Unternehmen setzen einseitig auf die Qualifikation der Jungen, selten auf Perspektiven für Ältere.

Auf die Anforderungen einer alternden Gesellschaft reagiert der Mittelstand geradezu reflexartig mit Weiterbildung der jungen Belegschaft. Demografie wird lediglich als Bildungsaufgabe verstanden. Weiterbildungsangebote und die Entwicklung von Laufbahn- oder Karrieremodellen für ältere Mitarbeiter stellen jedoch eine Ausnahme dar. Die Vorteile altersgemischter Arbeitsgruppen bleiben oft noch ungenutzt. Die zentrale Frage, welche Perspektiven die wachsende Gruppe der Arbeitnehmer, die nicht mehr zu den Jungen zählt, im Unternehmen haben kann, wird also mehrheitlich vernachlässigt. Hinzu kommt: Die Durchführung einer Altersstrukturanalyse gehört noch längst nicht zum Standard der Personalpolitik. Das heißt: Der Risikofaktor ‚Altersaufbau' bleibt meist unbeachtet.

85 Prozent der Unternehmen reagieren auf die alternde Gesellschaft durch Weiterbildung ihrer jüngeren Mitarbeiter. Ihre Sorge gilt dem optimierten Einsatz der knappen Personalressource ‚Junior Talents'. Die Weiterbildung älterer Mitarbeiter nach der Devise ‚lebenslanges Lernen' wird von 44 Prozent und damit sehr viel seltener betrieben.

Großunternehmen umwerben im „War for Talents" die jungen Köpfe. Die Integration Älterer bleibt dem kleineren Mittelstand überlassen.

Große Unternehmen mit über 250 Mitarbeitern stellen anteilig deutlich weniger ältere Mitarbeiter ein, verjüngen ihre Belegschaft häufig durch Vorruhestandsregelungen und suchen ihre Chancen offensiv im nationalen sowie internationalen ‚War for Talents'. Auch wenn sie gesundheitliche Prävention und betriebliche Gesundheitspolitik wesentlich aktiver verfolgen als der Durchschnitt, kümmern sie sich seltener um die Integration älterer Mitarbeiter und überlassen diese Aufgabe damit dem kleineren Mittelstand. Denn dieser ist es, der für Beschäftigungseffekte im Bereich 50 plus sorgt.

Die großen Unternehmen kümmern sich intensiv um die Weiterbildung junger Mitarbeiter (92 Prozent). Außerdem nutzen sie überdurchschnittlich häufig die derzeit noch geltenden Altersteilzeit oder Vorruhestandsregelungen (+28 Punkte im Vergleich zur Gesamtwirtschaft), was ebenfalls zu einer Verjüngung der Belegschaft beiträgt.

Sackgasse „Rente mit 67"? Längere Lebensarbeitszeit trifft Wirtschaft unvorbereitet.

Die Vorteile einer älteren Belegschaft sind aus Sicht der Unternehmen unbestritten: Sie verfügen über mehr Fachwissen, sind kundenorientierter, erfahrener und loyaler als ihre jüngeren Kollegen. Nachteilig wirken sich die nachlassende Innovationskraft und vor allem die höheren Kosten für ältere Arbeitnehmer aus, die sich an steigendem Lohnniveau und hohem Krankenstand festmachen. Ein gutes Drittel der Unternehmen erteilt daher einem erhöhten Renteneinstiegsalter im eigenen Betrieb eine Absage. Ganz anders aber Unternehmen mit vergleichsweise vielen älteren Arbeitnehmern: Sie sehen die Kostenbelastung gelassener. Auch der kleine Mittelstand hat seltener Probleme mit einer Beschäftigung bis 67.

Fast die Hälfte der befragten Unternehmen sehen eine Beschäftigung bis 67 als problematisch an: 35 Prozent halten es kaum für möglich, regelmäßig Mitarbeiter bis 67 zu beschäftigen, weitere 12 Prozent müssten zumindest weitreichende Umstellungen vornehmen.

Die Betriebe tun zu wenig für die Erwerbsfähigkeit Älterer und nehmen dabei Mitarbeiter und Sozialpartner kaum in die Pflicht.

Apropos, Sozialpartner. Wer im Unternehmen ist dafür verantwortlich regelmäßig oder wenigstens jährlich den Dienstleistungskatalog seiner Sozialpartner abzurufen? Bei meinen Fragen nach der beschäftigten Anzahl der Arbeitnehmer folgt immer die Frage nach der Anzahl der Krankenkassen, die monatlich bedient werden. Die Antworten sind erstaunlicherweise fast identisch. Bei ca. 100 Beschäftigen werden in der Regel bis zu 90 Krankenkassen monatlich bedacht. Der pure Wahnsinn! Es liegt auf der Hand, dass danach auch keiner mehr Lust hat, auf 90 Partner zuzugehen. Auf der anderen Seite wird bestimmt kein Personal dafür eingestellt, hier sinnvolle Gespräche zu führen. Mit der letzten Gesundheitsreform, die unter anderem einen gleichen Beitragssatz für alle gesetzlichen Krankenkassen bescherte, wurde damit ein erstes Zeichen gesetzt, dass der Markt überfüllt ist. Aber wohin mit den vielen Arbeitsplätzen bei den vielen Anbietern? Laut wird darüber nicht gesprochen, aber wer seine Augen benutzt, sieht, dass die Regularien im Hintergrund bereits wirken. Verpassen Sie Ihren vielen Zahlungssystemen eine Diät und verschlanken diese. Setzen Sie für Ihre Mitarbeiter auf die besten Anbieter. Das sind heute diejenigen, die sich über das normale Kassieren der Beiträge für ihr Unternehmen ausgerichtete Programme einfallen lassen. Im Kapitel „Betriebliches Gesundheitsmanagement“ finden Sie einige Beispiele dazu.

Gerade ältere Menschen werden nach Ansicht der Unternehmen insgesamt zu wenig aktiv in die bestehenden Arbeits- und Lebenswelten einbezogen. Aber die Arbeitnehmer selbst bzw. die Sozialpartner müssen stärker gefordert werden und von sich aus mehr für die Belange von Wirtschaft und Gesellschaft tun. Denn die Debatte über die demografische Zeitenwende, den Bevölkerungsschwund und mit ihm die rasche Alterung der Erwerbspersonen geht alle an und ist von allen zu führen, von den Unternehmern, den Sozialpartnern und den Arbeitnehmern.

Die Unternehmer fordern als Voraussetzung für eine längere Beschäftigung und eine bessere Integration älterer Arbeitnehmer – an die Adresse der Gesellschaft gerichtet – einen besseren „Umgang der Generationen miteinander“ (84 Prozent Zustimmung) und eine „Abkehr vom Jugendwahn“ (77 Prozent). Aber die Menschen müssen auf der anderen Seite eine größere Bereitschaft mitbringen, bis ins höhere Alter zu arbeiten und zu lernen (78 Prozent).

Reaktionen des Unternehmers richtig einschätzen

Zurück zu den Reaktionen unseres Unternehmers, die sind jetzt Gold wert. Sie erinnern sich an so genannte „Goldinfos“?

1. Reaktion: Unternehmer zeigt sich erstaunt und fragt konkret nach, wie das gemeint ist.

2. Reaktion (übrigens in diesen Wochen meist die Realistische): Wir haben gerade ein Projekt begonnen, das sich mit dem BGM beschäftigt. Vielleicht sollten wir einen Folgetermin mit dem Projektleiter vereinbaren. Ich stecke da nicht so tief drin.

3. Reaktion: Beide Begriffe – Demografie und BGM – sagen mir zwar etwas, aber ich denke, unser Unternehmen ist dafür zu klein. Was hat das mit der bAV zu tun?

Alle drei Reaktionen sind zugegebenermaßen bewusst provokant gewollt.

Diese Informationen sagen nunmehr jedem Berater/Verkäufer, ob das Unternehmen noch sehr jungfräulich mit aktuellen Thematiken – übrigens nicht nur für Deutschland zutreffend – umgeht oder bereits eine Stufe erreicht hat, in der unsere Zuarbeit noch rechtzeitig positive Effekte beisteuern kann.

Erklärung und Vorgehensweise zu Reaktion 1:

Das demografische Problem ab dem Jahr 2010/2015 ist in Deutschland und Europa mehr als deutlich, wenn nicht gar eindringlich publiziert worden.

„Deutschland altert in der Welt mit am stärksten. Schon seit 2003 sinkt die Bevölkerungszahl. Diese Entwicklung hat weitreichende Folgen. So zum Beispiel auf die Lebensarbeitszeit, auf den Staatshaushalt und letztlich auf das Konsumverhalten. Schon jetzt ergibt sich ein Engpass an Fachkräften. Besonders Ingenieurberufe sind betroffen. In Zukunft dürfte sich das Problem aber auch durch vorzeitiges Ausscheiden von älteren Erwerbstätigen aus dem Arbeitsleben auf viele Berufe ausbreiten. Eine erhöhte Erwerbsquote bei Frauen, ein späterer Renteneintritt und stärkere Einwanderung dürften das Problem allenfalls abschwächen."

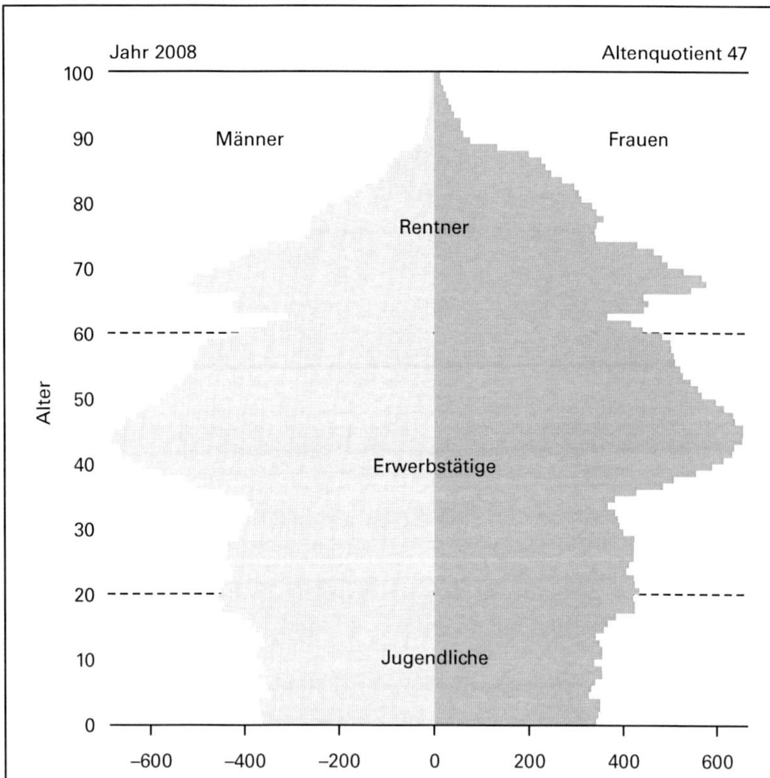

Quelle: Research der DB AG

Aber welche Auswirkungen wird die Demografie an dem jeweiligen Unternehmensstandort haben? Eine der ersten Fragen dazu lautet: Welches Durchschnittsalter haben Sie bereits in der Firma schon erreicht?

> ***Hinweis:*** *Mittlere und große Unternehmen sind inzwischen bei durchschnittlich 42 bis 44 Jahren angekommen.*

Welche Qualifizierungsmaßnahmen (Seminare, Weiterbildungen, Fachschulungen etc.) sind noch kurzfristig oder mittelfristig unter demografischen Gesichtspunkten sinnvoll? Werden Sie auf eine Überalterung in den höher qualifizierten Bereichen ansteuern oder in den produktiven Bereichen eine viel zu hohe Fluktuation aufweisen? Wie nutzen Sie kurz vor Rentenbeginn das geistige Gut oder gar wunderbar funktionierende Netzwerke Ihrer erfahrenen Mitarbeiter?

Empfehlung: Beauftragen Sie einen ausgebildeten Demografieberater für ihr Unternehmen.

Erklärung und Vorgehensweise zu Reaktion 2:

Wunderbar. Es gibt bereits feste Ansprechpartner im Unternehmen. Entweder haben diese gerade den Job erhalten oder innerhalb der Personalabteilung türmen sich die Anforderungen bei fortlaufender Reduzierung der Mitarbeiter. Was soll's? Die Anforderung wächst mit jedem Tag, also sind wir als Berater so eine Art externe Personalabteilung zu diesen Fragen. Ich tausche mich mit demjenigen Ansprechpartner aus. Die Verzögerung der Botschaften bis zur Entscheidung durch den Chef wiederum muss ich einfach an dieser Stelle aushalten können. Ich rechne hier nicht in Zeitparametern, da es bei dieser Thematik um neue innovative Ideen ohne Gesetzesgrundlage geht. Ziel ist es ferner, Arbeitnehmern eine neue Tür der Gesundheit mit Unterstützung des Arbeitgebers zu öffnen. Auch bei den Arbeitnehmern muss dann eine Entscheidung getroffen werden, ob sie davon Gebrauch machen wollen oder nicht. Erst wenn die ersten „Teilnehmer" an einer BGM-Maßnahme von ihren neuen Erkenntnissen und Vorteilen sprechen, wird das Thema ins Rollen kommen. Ich erinnere mich nur allzu gut an eine sehr kritische Situation einer Kollegin.

Ihr Sohn hatte eine sehr besorgniserregende Diagnose erhalten. Die Familie war am Boden zerstört. Einige Kollegen versuchten dann, gut gemeinte Tipps zu geben. Stellen Sie sich in diesem Moment vor, Ihre Personalabteilung ist so gut vernetzt, dass innerhalb des BGM das aufgebaute Netzwerk genutzt werden kann. Aber in unserer Gesellschaft beobachten wir doch genau das Gegenteil. Jeder ist auf sich allein gestellt, surft allein im Internet und googelt oder arbeitet mit den Suchmaschinen der Gegenwart. Dabei wissen wir alle, die Gruppe ist schlauer als der Einzelne. Warum nutzen wir dann nicht das Gruppenverhalten? Auf neudeutsch: Gruppenrahmenverträge mit Unternehmen für Mitarbeiter! Gerade in Fragen der zusätzlichen medizinischen Versorgung! Bei schlechter werdenden gesetzlichen Krankenleistungen ist diese Vorgehensweise einfach logisch. Also, liebe Unternehmer, erklären Sie diese Versorgung zur Chefsache und delegieren diese vorbereiteten Gespräche an wirklich kompetente leitende Angestellte.

Erklärung und Vorgehensweise zu Reaktion 3:

Unternehmer, die ihr Unternehmen für zu klein für die beiden vorgenannten Themen halten, na ja, was soll ich jetzt sagen. Entweder kann ich das dann nur bestätigen. Aber das wäre beinahe frech. Die demografischen Auswirkungen ab 2015 werden wir in jeder Branche, in jedem Unternehmen spüren. Ich kann heute noch nicht so genannte Kleinausbildungsbetriebe verstehen, die grundsätzlich nur einen Auszubildenden einstellen. Als Begründung werden zu hohe Kosten genannt. Nur: Wird dieser eine Auszubildende wirklich auch sein Bestes geben? Mit wem kann er sich in dem Betrieb vergleichen? Andere Unternehmen stellen zu viele Azubis ein, die Hälfte weiß im Vorfeld, dass sie keine Übernahmechancen haben wird. Beide Vorgehensweisen führen nur bei starken, selbstbewussten Persönlichkeiten zu guten Ergebnissen. Aber wo bleibt die Qualifikation des guten Mittelfeldes? Unser Mittelstand benötigt dringend ein gutes Mittelfeld von gut qualifizierten Arbeitskräften, unabhängig von der Branche, egal ob Handwerk, Handel oder Gewerbe. Für mich fängt richtige Demografie in einem Unternehmen bereits bei drei Arbeitnehmern an – und nicht erst bei 300. Das Zusammenspiel von ausgewogenen zwischenmenschlichen Verhältnissen und entsprechender Integration von neuen Berufseinsteigern mit einer guten betrieblichen Gesundheitsversorgung als Ergänzung zum gesetzlichen Basispaket sowie ein Denken, bei dem schon früh schon an die Zeit nach dem Arbeitsverhältnis vorgesorgt wird, dürfte mindestens für einige Gespräche auf dem 70. Geburtstag bei Tante Erna sorgen. Und dabei fällt immer wieder der Name des Unternehmens, bei dem Sie arbeiten dürfen. Wer und was könnte so eine kostenlose Werbung noch toppen?

Betriebliches Gesundheitsmanagement (BGM)

Zum zweiten Teil des Satzes – betriebliches Gesundheitsmanagement – ein nahezu betriebswirtschaftlicher Begriff.

Wir kennen doch irgendwie alle die bestimmten Arbeitssituationen. Ein Projekt, ein Auftrag, eine Aufgabe muss in kürzester Zeit mit erstklassigen Ergebnissen erledigt sein. Dann passiert es. Ausgerechnet jetzt. Meist macht das Immunsystem schlapp oder schlimmer, die viel angepriesene und mediengestreute Grippewelle ist wirklich da. Der Mensch – also wir als Arbeitnehmer oder Auftragnehmer – kann nicht mehr. Schlappheit, Angespanntheit oder gar Erschöpfungszustände werden immer häufiger von unseren Ärzten diagnostiziert. Von „Burnout" möchte ich hier bewusst Abstand nehmen. Dabei wollen wir gerade in diesen turbulenten Zeiten fit und selbstbewusst allen Anforderungen gewachsen sein. Diese Sätze wie „Ich wollte doch schon lange abends Sport treiben" oder „Pro Tag einen Apfel essen – jetzt halte ich mich daran" sind dann an der Tagesordnung. Schließlich wird alles rund auf den Faktor „ZEIT" oder besser „auf den Mangel an ZEIT" geschoben. Was wäre aber, wenn wir die unproduktiven Phasen eines Arbeitstages entsprechend nutzen könnten, also Pausen einbauen, die eh zu kurz wären, um gewissen „Erledigungen" nachzugehen?

Solche banalen Fragen wie:

- Wann waren Sie das letzte Mal zur Augenkontrolle?
- Wann haben Sie das letzte Mal eine wundervolle Rückenmassage genossen?

☐ Platz für Ihre „Letzte-Mal-Fragen“:

____

____

____

Dieses wird doch meist mit einem bedenklichen Achselzucken beantwortet und selbst diese Bewegung lässt manches Gesicht zusätzlich zu einer eher schmerzlichen Grimasse werden. Höchste Alarmstufe für jeden Unternehmer. Bei einem Durchschnittsalter von 42 bis 44 Jahren ist ein Arbeitnehmer im Jahr durchschnittlich eine bis zwei Wochen krank. Welche Konsequenzen hat dies für Sie als Unternehmer?

BEISPIEL

Ein Unternehmen hat 100 Arbeitnehmer. Die durchschnittliche Ausfallquote je Arbeitnehmer beträgt 1,5 Wochen im Jahr. Ein Arbeitnehmer kostet pro Stunde 7,50 Euro. Der Monatsumsatz des Unternehmens beträgt 100.000 Euro. Die Mitarbeiter haben am Umsatz einen Anteil zwischen 30 und 60 Prozent. Das heißt: Fehlt ein Mitarbeiter, so werden anteilig auf einen Mitarbeiter Umsatzeinbußen zwischen 30 und 60 Prozent erwartet.

Was bedeutet die Ausfallquote je Mitarbeiter für die finanzielle Lage des Unternehmens?

1. Umsatzausfall p. a. durch Krankheit

Der Jahresumsatz beläuft sich auf 1.200.000 Euro. Insgesamt werden im Jahr zwischen 360.000 Euro (30 Prozent) und 720.000 Euro (60 Prozent) Umsatz durch die Mitarbeiter erzielt. Pro Mitarbeiter also 36.000 bis 72.000 Euro, die er in 52 Wochen erzielt. 1,5 Wochen Krankheit im Jahr entsprechen zwischen 1.000 (30 Prozent) und 2.000 Euro (60 Prozent) Umsatzeinbußen. Bei 100 Mitarbeitern sind es zwischen 100.000 und 200.000 Euro Umsatzeinbußen im Jahr, also ein bis zwei Monate ohne Umsatz. Ob sich der Unternehmer darüber Gedanken macht?

2. Erhöhter Bruttolohnaufwand

Nun könnte man meinen, dass sich ebenso die Personalkosten verringern. Falsch, wenn wir Akkordbezahlung nicht beachten! In Deutschland besteht sechs Wochen Lohnfortzahlung des Unternehmens. Der Lohn wird also weiter gezahlt. Was zudem hinzukommen könnte, wären erhöhte Lohnkosten für Zeitarbeiter, welche die Lücke der Ausfallzeit ausfüllen. Der Durchschnittbruttolohn in Deutschland beträgt rund 30.000 Euro. Pro Woche sind das 575 Euro. 1,5 Wochen 862,50 Euro. Plus Sozialabgaben des Arbeitgebers rund 1.000 Euro. Dieser Ersatzlohn wiederum multipliziert mit 100 Mitarbeitern entspräche nochmals 100.000 Euro Mehraufwand.

Fazit: Fallen Mitarbeiter im Durchschnitt 1,5 Wochen im Jahr aus – eine wirklich realistische Annahme – so werden im obigen Unternehmen rund 8,5 und 17 Prozent Umsatzeinbußen hinzunehmen sein. Klar ausgedrückt: Beträgt die Umsatzrendite eines Unternehmens 8,5 bis 17 Prozent, so kann dadurch schnell ein möglicher Gewinn zunichte gemacht werden. Hinzu kommen dann noch erhöhte Bruttolohnkosten durch Ersatzarbeiter. Dadurch wird der Verlust im Jahr perfekt. Ein wirklich hartes Geschäft. Machen Sie es besser, mit einem besseren BGM.

Viele Krankenkassen bieten derzeit kostenlose Pausengestaltungen an, wie beispielsweise Augenscreenings, mobile Rückenmassagen, Rückenschulen, Ernährungsberatungen etc. an. Einige Unternehmen haben bereits in den Kellerräumen kleinere Fitnessräume eingerichtet. Einige planen 45-minütige Seminare zum Thema „Ruhemomente“. Zu den betriebseigenen Kindergärten habe ich bereits geschrieben. Demografie fängt quasi schon beim firmeneigenen Nachwuchs an. Oder planen Sie als Unternehmer bereits jetzt beim Lesen die Kombination von Demografiewandel und BGM?

Bitte verstehen Sie mich richtig. Es kommt wie immer im (Arbeits-)Leben darauf an, die Angebote herauszufiltern, die für Ihr Unternehmen interessant, realisierbar und in gewisser Weise finanzierbar sind. Nicht die Massenangebote werden von ihren Mitarbeiter geschätzt, sondern eine ausgewogene auf das Unternehmen abgestimmte Qualität der Angebote.

Apropos finanzierbar: Wir sind wieder in unserem bekannten Gespräch anhand des bekannten Visionsdreiecks. Die Kombination von Demografie, BGM und bAV wird noch plastischer:

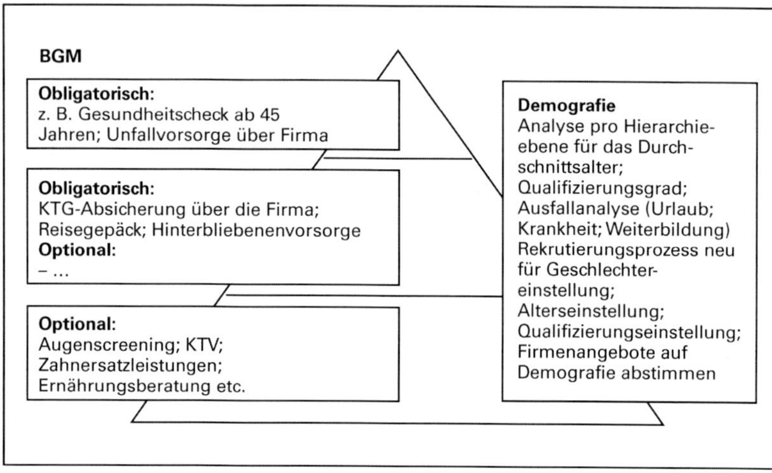

Sie ahnen es förmlich: Wir beginnen gleich beim Status des Visions-Dreiecks. Die jeweiligen firmeninternen Informationen werden entsprechend hinzugefügt.

BEISPIEL

Ein Arbeitnehmer hat ein Bruttoeinkommen von 2.000 Euro. Bei längerer Krankheit (ab 43 Tagen) zahlt die gesetzliche Krankenversicherung nur 70 Prozent des Bruttoeinkommens, also 1.400 Euro. Vor der Krankheit hat der Arbeitnehmer netto rund 1.300 Euro in der eigenen Tasche. Bei längerem Krankheitsfall jedoch nur rund 1.000 Euro. Die Lücke von 300 Euro möchte er durch eine Krankentagegeldversicherung schließen. Einige weitere Leistungen könnten in diese Krankenzusatzversicherung eingebaut werden, wie Pflegegeldversicherung, Sehhilfen, Zahnersatz etc.

Lösung

Der Betrieb stellt im BGM eine Krankenzusatzversicherung für seine Arbeitnehmer zur Verfügung. Der klare Vorteil für den Arbeitnehmer: Durch einen Gruppentarif könnte jeder Arbeitnehmer bis zu 10 Prozent Rabatt erhalten. Den Beitrag zahlt er aus seinem Nettoeinkommen. Auch bei einem privaten Abschluss würde das passieren. Bei 10 Prozent Rabatt heißt das wiederum auch eine 10-prozentige Nettolohnerhöhung. Für die Arbeitnehmer des Betriebs ist ein solcher Zusatz im BGM also ein klarer Vorteil. Möglich ist zudem, dass Familienangehörige kostengünstig mitversichert werden. Auch bestehende Verträge können vereinfacht in den Gruppentarif umgestellt werden. Weiter bestehen erleichterte Aufnahmebedingungen und sofortiger Versicherungsschutz ohne Wartezeit.

Ohne es bewusst zu merken, gehe ich in dem Gespräch tief in die firmeninternen Personalthemen. Einigen Gesprächspartnern sieht man es relativ schnell an, ob sie sich noch wohl fühlen und anfangen kreativ zu werden oder ob sie gedanklich schon einen Verantwortlichen für diese zunehmend komplexen Themen benennen werden.

Der Chef selbst bringt mich zu einer neuen Denkweise mit seiner Frage: „Sagen Sie, welche Risiken oder gar Haftungen entstehen für mich als Arbeitgeber?"

Perfekt! Diese Frage ist nahezu eine Schlüsselfrage, gerade, wenn zuvor andere Rahmenverträge mit anderen Anbietern angedacht oder bereits unterzeichnet wurden.

Gern knüpfe ich an und frage direkt, aber auch charmant: „Mit wem sind Sie bereits eine vertragliche Partnerschaft eingegangen?" Ich selbst halte diese Frage nicht nur für interessant, sie unterstreicht zudem die Ernsthaftigkeit und Offenheit. Schließlich reden wir die ganze Zeit über neue Personalstrategien, die noch niemand im Unternehmen so speziell entwickelt hat. Hinzu kommen die täglichen chaotischen Situationen in jedem Unternehmen. Wer kennt es nicht? Irgendeiner hat irgendwann irgendjemandem etwas gesagt, und es war wichtig! Aber was genau und wie, na ja, wenn es wichtig wäre, wiederholt es einer bestimmt ... Das ist vor allem in größeren Unternehmen aus diversen Gründen stets zu beobachten. Kein Wunder! Wer hält welche Themen konsequent immer nach ...?

Also gehe ich ausführlich auf die Cheffrage und somit auf diese Haftungsrisiken ein:

- Haftung aufgrund des so genannten Verschaffungsanspruchs:
  - § 1a Betr.AVG
  - Jeder Arbeitnehmer hat seit dem 01.01.2002 einen einklagbaren Rechtsanspruch auf Durchführung einer bAV durch Entgeltumwandlung.
  - Die Durchführung des Anspruchs soll durch eine Vereinbarung geregelt werden.
  - Die Vorgaben des einschlägigen Tarifrechts sind ggf. zu beachten.

- Haftung aus der so genannten Übernahmeverpflichtung:
  - § 4 Betr.AVG
  - Seit dem 01.01.2005 kann jeder Arbeitnehmer die Übernahme bzw. Fortführung seiner bestehenden Direktversicherung, Pensionskasse oder seines Pensionsfonds bei einem Arbeitgeberwechsel verlangen.
  - Es sollten daher entsprechende Aufnahme- und Abgaberegeln vereinbart und den Mitarbeitern zugänglich gemacht werden.

- Verletzung der Fürsorgepflicht:
  - Ein Arbeitgeber verletzt seine Fürsorgepflicht, falls dem Arbeitnehmer ohne vorherige Information ein gezillmerter Tarif mit Stornoabzug angeboten wird.
  - Der AG haftet für den Schaden in voller Höhe.
  - Urteil des Arbeitsgericht Stuttgarts vom 17.01.2005 (AZ.: 19 Ca 3152/04 – rechtskräftig).

- Erfüllungshaftung:
  - §1 Betr.AVG
  - Der Arbeitgeber steht für die Erfüllung der von ihm zugesagten Leistungen auch dann ein, wenn die Durchführung nicht unmittelbar über ihn erfolgt.

- Eine Nichterfüllung oder Insolvenz des Versorgungsträgers schlägt ggf. voll auf den Arbeitgeber durch.
- Die Höhe der zugesagten Leistung bestimmt den Umfang der Nachschusspflicht.
- Diese Verpflichtung gilt auch für Entgeltumwandlungen der Arbeitnehmer.

- Haftung aus dem Gleichbehandlungsgrundsatz:
  - Art. 3 GG
  - Einem Arbeitgeber ist es nicht erlaubt, einzelne Arbeitnehmer ohne sachlichen Grund von begünstigenden Regeln auszuschließen und schlechter zu stellen.
  - Ein Verstoß ist immer dann gegeben, wenn einzelne Arbeitnehmer willkürlich von der betrieblichen Altersvorsorgung ausgeschlossen werden oder wenn eine diskriminierende Unterscheidung vorgenommen wird.

- Folgen für die Unternehmen:
  - Mögliche Regressansprüche von Arbeitnehmern werden in der Regel immer im strittigen Verfahren vor dem Arbeitsgericht entschieden.
  - Mündliche Zusagen und nicht schriftlich dokumentierte Vorgänge sind meist nur schwer zu belegen.

- Das Arbeitsgericht prüft dabei unter anderem folgende Sachverhalte:
  - Wurde eine Entgeltumwandlung zugelassen?
  - Wurden ggf. die einschlägigen tariflichen Vorgaben beachtet?
  - Sind alle notwendigen Informationen den Arbeitnehmern zugänglich gemacht worden (zum Beispiel Stornoabzug)?
  - Sind alle Arbeitnehmer nachweislich gleich behandelt worden?

Wie wichtig diese Punkte sind, belegt folgender Fall, wenn ein Haftungsanspruch zu einer Geldforderung des Arbeitnehmers werden kann.

BEISPIEL

Fehlende Information zum Recht auf Entgeltumwandlung und fehlende Beratungsdokumentation innerhalb des Unternehmens.

Ein Arbeitnehmer 45 Jahre, monatliches Bruttoeinkommen von 2.500 Euro und 13 Jahre Betriebszugehörigkeit. Der Arbeitnehmer ist nicht kirchensteuerpflichtig.

Berechnung

Welchen Anspruch hat der Arbeitnehmer auf Entgeltumwandlung? 4 Prozent der Beitragsbemessungsgrenze!

Wann bestand der Anspruch auf Entgeltumwandlung?

Hier könnte als Zeitpunkt für die Aufklärungspflicht der 01.01.2002 vom Gericht festgelegt werden.

Nehmen wir 2009 als Klagejahr an. Ein Anspruch bestand also von 2002 bis 2008 (7 Jahre) auf 4 Prozent von 4.500 Euro (BBG 2002) monatlich, also 180 Euro. Gehen wir jedoch von lediglich 101 Euro aus, die der Arbeitnehmer umwandeln möchte, denn in der Praxis ist es nicht immer üblich, den vollen Beitrag entgeltlich umzuwandeln.

Hier die Gegenüberstellung für den Arbeitnehmer:

	ohne bAV	mit bAV
Bruttolohn	2.500,00 €	2.500,00 €
– bAV-Beitrag	0,00 €	–101,00 €
Bruttolohn nach bAV	2.500,00 €	2.399,00 €
– Steuern	–397,20 €	–366,75 €
– Sozialabgaben	–505,63 €	–485,20 €
Summe der Abzüge	902,83 €	851,95 €
= Nettogehalt	1.597,17 €	1.547,05 €

Welchen Nachteil hat nun der Arbeitnehmer? Er hätte durch die Entgeltumwandlung von 101 Euro letztlich 50,12 Euro weniger Nettolohn. 50,88 Euro ist die Förderquote durch den Staat, auf die er keinen Anspruch hatte.

Gehen wir auf den Garantiezins bei Kapitalversicherungen von 2,75 Prozent (vor 2007) ein und rechnen die „Förderung“ von 50,88 Euro auf das heutige Jahr hoch. Hier hilft wieder der Finanzrechner BWK Business®:

Eingabe	Display-anzeigen	Erklärung
12 P/YR	P/YR 12,00	Es wird monatlich gespart.
7 xP/YR	N 84,00	7 Jahre bestand der Anspruch auf Entgeltumwandlung.
2,75 EFF%	I/YR NOM% 2,72	Der Garantiezins vor 2007 bei Kapitalversicherungen lag bei 2,75 Prozent.
0 PV	PV 0,00	Keine Einmalanlage zu Beginn.
50,88 +/– PMT	PMT –50,88	Dem Arbeitnehmer entgingen in den vergangenen 7 Jahren 50,88 Euro.
FV	FV 4.701,37	Berechnung des Endwerts – dem möglichen Haftungsrisiko des Unternehmens.

Ergebnis: Wurde ein Arbeitnehmer nicht über die mögliche Entgeltumwandlung bei betrieblicher Altersversorgung aufgeklärt bzw. wurde die Dokumentationspflicht verletzt, so könnte schon heute ein Anspruch auf 4.700 Euro gegen das Unternehmen bestehen.

Wie hoch wäre die mögliche Haftung für Unternehmen, die mehrere Hundert Arbeitnehmer beschäftigen und nicht aufgeklärt und dokumentiert haben? Oh oh, ...

Gute Berater oder Dienstleister erkennen Sie daran, dass sie sich nicht nur mit den Risiken auskennen, sondern auch entsprechende Lösungen anbieten können.

Zur Vermeidung der Arbeitgeberrisiken und Haftungen sollten folgende Handhabungen strikt eingehalten werden:

Ihre Sicherheitsstrategie zur Vermeidung von bAV-Haftungsrisiken:

1. Analyse der Ist-Situation
2. Unternehmensziele für ein bAV-Konzept festlegen
3. Auswahl der Durchführungswege
4. Formulierung einer verbindlichen Versorgungsordnung/Betriebsvereinbarung zur betrieblichen Altersversorgung
5. Einzelberatung jedes Arbeitnehmers innerhalb des Firmengeländes
6. Schriftliche Dokumentierung des Beratungsergebnis für Ihre Personalakte

Wie in einem Nebensatz gehe ich darauf ein, dass ich in Unternehmen ohne Betriebsrat gute Erfahrungen mit einer klar formulierten ***Versorgungsordnung*** gemacht habe. In Unternehmen mit Betriebsräten ist eine Betriebsvereinbarung nicht nur eine Lobbyarbeit, sondern auch eine wunderbare Grundlage zur Beratung der Arbeitnehmer.

Achtung: Aktuelle Rechtsprechungen sollten stets in diesen Mustervorgaben berücksichtigt sein. Beiliegende Muster entsprechen der Rechtssprechung in 2010.

Folgende Beratungsunternehmen kann ich gern benennen, um aktuelle Versionen abzurufen:

- Zurich Versicherungsgesellschaft AG
- febs Consulting GmbH in Grasbrunn bei München
- BVE Beratungsgesellschaft für Versorgungseinrichtungen mbH

Auf den folgenden Seiten finden Sie ein Muster-Vorschlag für eine Dokumentation:

Versorgungsordnung zur betrieblichen Altersversorgung
vom 01.01.2010

Firma
Max Muster GmbH
Musterplatz 1

12345 Musterhausen

Präambel:

Die Geschäftsleitung hat sich entschlossen, die betriebliche Altersversorgung (bAV) im Unternehmen durch die nachfolgenden Versorgungsordnung zur Entgeltumwandlung mit firmenfinanzierten Zuschüssen einzuführen.

Etwaige bereits bestehende arbeitnehmer- oder firmenfinanzierte Versorgungen zugunsten unserer ArbeitnehmerInnen bleiben durch diese Versorgungsordnung unberührt. Die Versorgungen stehen nicht in Zusammenhang.

Betriebliche Altersversorgung ergänzt die Leistungen der gesetzlichen Sozialversicherung und leistet einen wichtigen Beitrag zur Versorgung. Die neuen Möglichkeiten der bAV sollen unsere ArbeitnehmerInnen motivieren, sich weiterhin mit allen ihren Fähigkeiten und Möglichkeiten für unser Unternehmen einzusetzen und zum gemeinsamen Erfolg engagiert beizutragen.

Diese Versorgungsordnung wurde von der Geschäftsleitung erarbeitet. Sie hat sich bemüht, die Versorgungsordnung klar und unmissverständlich abzufassen. Sollten sich dennoch, auch zukünftig, Regelungslücken oder Auslegungszweifel ergeben, werden diese unter Beachtung von Sinn und Zweck in diese Versorgungsordnung eingearbeitet, ohne dass dadurch eine Mehrbelastung für das Unternehmen entsteht.

Beratungsprotokoll zur Entgeltumwandlung

Firma
Max Muster GmbH
Musterplatz 1

12345 Musterhausen

Hiermit erkläre ich als Arbeitnehmer des o. a. Unternehmens, dass ich über die Inhalte der Versorgungsordnung vom 01.01.2010 und die Vorteile einer Entgeltumwandlung informiert worden bin. Mir wurden insbesondere folgende Unterlagen ausgehändigt:

– Versorgungsordnung zur betrieblichen Altersvorsorgung vom 01.01.2010
– Persönliches Berechnungsbeispiel/Versicherungsverlauf

Der Arbeitnehmer wurde darüber informiert, dass die Abschlusskosten für die Einrichtung der Direktversicherung gemäß den für die einzelne Versicherung geltenden Versicherungsbedingungen getilgt werden. Abhängig vom vereinbarten Tarif werden diese anteilig mit den Beiträgen über die gesamte oder über Teile der Beitragszahlungsdauer verrechnet (= Zillmerung). Dieses Verfahren hat wirtschaftlich zur Folge, dass in der Anfangszeit der Versicherung kein oder nur ein geringer Rückkaufswert vorhanden ist und der für die etwaige Bildung einer beitragsfreien Versicherung erforderliche Mindestbeitrag nicht erreicht wird. Weitere Informationen enthält der Versicherungsschein und der ausgehändigte Versicherungsverlauf.

Nach eingehender Beratung

- möchte ich die Vorteile der Entgeltumwandlung nutzen. Alle Details werden in der Entgeltumwandlungsvereinbarung festgelegt.
- werde ich das vorgestellte Angebot prüfen und mich bis zum ___________ verbindlich entscheiden.
- habe ich derzeit kein Interesse an einer Umwandlung von Barlohn in Versorgungslohn. Mir ist bewusst, dass ich auf die Einsparung von Einkommensteuer und Sozialabgaben verzichte.

Name:	
Vorname:	
Personalnummer:	

....

Ort/Datum Unterschrift des Arbeitnehmers

„Z" wie ZEIT oder auch Zeitwertkonten

Irgendwann im Gespräch kommen wir auch auf das Thema „ZEIT".

Wir sind inzwischen alle ganz locker und wie nebenbei tief in die Gefilden der Personalthemen eingetaucht. Das ist das Besondere in unseren Gesprächen, als Spezialberater. Viele denken, da wird jetzt jemand zwei spezielle Gesetze auswendig kennen und das war es. Mal überzogen dargestellt. Aber weit gefehlt. Spezialberater können nur dann ausgezeichnete Gespräche führen, wenn sie neben dem allgemeinen branchenüblichen Wissen die Feinheiten entsprechend gewürzt und dosiert vermitteln können.

Der Chef, der mir inzwischen sehr vertraut erscheint, fragt auch direkt nach, was und wie die zusätzliche Zeit, die er in Kurzzeitkonten sammelt oder gar in seinen Bilanzen ausweisen muss, einbringen kann. Ich freue mich regelrecht. Jetzt reden wir zwar eigentlich über Zeit, aber am Ende des Tages wird alles in Euro umgerechnet. Allein der Weg dahin ist der spannende Teil.

Kleiner Fachexkurs zum Gesetz zur Verbesserung der Rahmenbedingungen für die Absicherung flexibler Arbeitszeitregelungen auch Flexigesetz II genannt

Das zum 1. Januar 2009 in Kraft getretene Flexigesetz II hat den Zweck, die schnelle Verbreitung von Zeitwertkonten mit einer soliden Gesetzgebung zu begleiten. Die mit dem Flexigesetz II verbundenen neuen Anforderungen bei der Einrichtung des Innovationsmodells Zeitwertkonto zur Gestaltung und Flexibilisierung der Lebensarbeitszeit können helfen, Zeitwertkontenmodelle weiter zu standardisieren und der großen Nachfrage insbesondere bei kleineren und mittleren Unternehmen Rechnung zu tragen.

Zeitwertkonten sind wesentlicher Bestandteil einer zukunftsorientierten Personalpolitik.

Wesentliche Neuregelungen auf Basis Flexigesetz II

Das Flexigesetz II enthält einige Neuerungen für die am Markt existierenden Zeitwertkontenmodelle. Da beispielsweise das DWS Zeitwertkontenmodell insbesondere bei der Insolvenzsicherung bereits heute die Anforderungen erfüllt, führen die gesetzlichen Neuerungen vornehmlich zu Änderungen bei der Kapitalanlage.

Wesentliche Änderungen auf Basis Flexigesetz II:

- Pflicht des Arbeitgebers, zum Freistellungszeitpunkt mindestens die eingezahlten Beiträge zu garantieren.
- Anlage des Wertguthabens unter bestimmten, im Sozialgesetzbuch geregelten Anforderungen.
- Pflicht des Arbeitgebers, mindestens einmal jährlich den Beschäftigten über den Bestand des Wertguthabens in Textform zu informieren.
- Einschränkung der Möglichkeit der beitragsfreien Überführung des Wertguthabens in eine betriebliche Altersversorgung.
- Erweiterte Möglichkeit, bei Arbeitgeberwechsel das aufgebaute Wertguthaben „mitzunehmen" (auf die Deutsche Rentenversicherung Bund oder neuen Arbeitgeber).

Kurzdarstellung zur Übersicht von langfristigen Zeitwerten

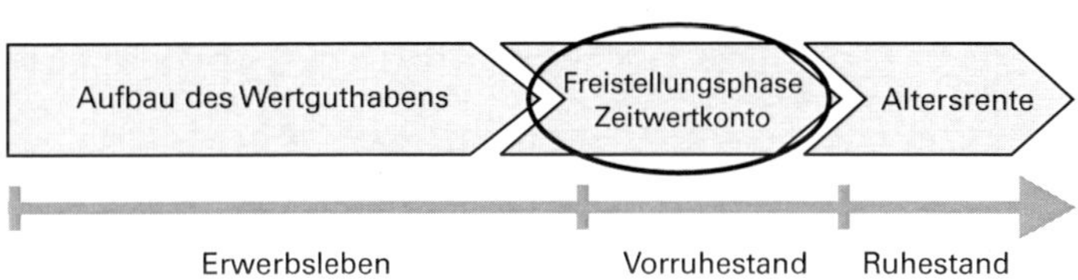

Auf einen Blick:

- Der Mitarbeiter wird während der Freistellungsphase bezahlt von der Arbeit freigestellt
- Er ist während der Freistellungsphase bei seinem Arbeitgeber sozialversicherungspflichtig angestellt und bezieht monatliche Bezüge aus seinem Wertguthaben
- Die Dauer der möglichen Freistellung richtet sich im Wesentlichen nach der Höhe des Wertguthabens

Organigramm einer Musterfirma mit den in Frage kommenden Zielgruppen für ein Zeitwertkonto

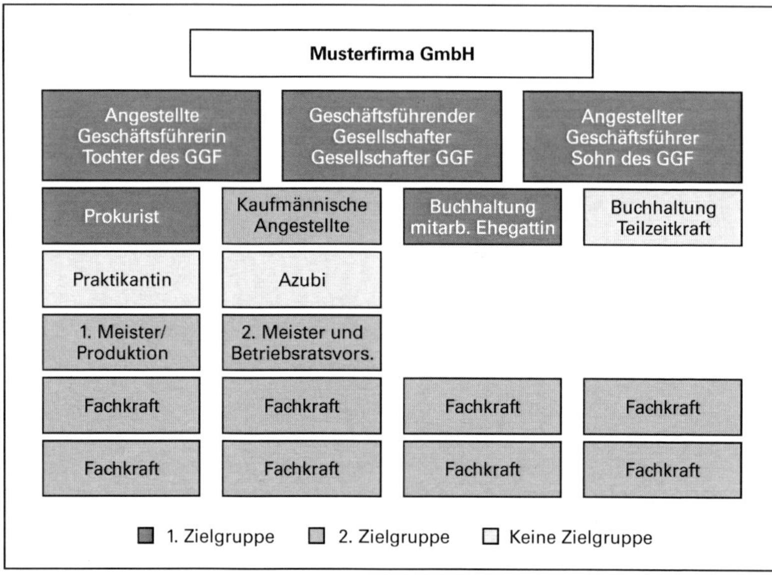

Warum werden sich Zeitwertkonten in der Wirtschaft durchsetzen?

Einerseits sind die Ursachen, die neueren Gesetze in der Rentenreform, seit 2002 fortlaufend. Die Erhöhung des Renteneintrittsalters auf 67 Jahre, der Wegfall der gesetzlichen Altersteilzeit ab 2009 und die aktuellen Diskussionen um die Ankoppelung der Rente an die Lebenserwartung. Alles nur Formen einer großen Rentenkürzung des Staates. Andererseits ist es ein Ergebnis der schnelllebigen Zeit. Größere Projekte, Aufträge in immer kürzeren Zeiten zu realisieren – all dies fordert seinen Tribut in einer alternden Arbeitnehmerschaft. Den Arbeitnehmern dann die nicht in Anspruch genommene Freizeit im Nachhinein zur Verfügung zu stellen, ist ein gutes Geschäft für beide Seiten. Den Arbeitnehmern einen flexiblen Rentenbeginn zu ermöglichen, in der Freistellungsphase beispielsweise weiterhin den Firmenwagen nutzen zu können, weiterhin einen Urlaubsanspruch von 20 Tagen zu haben, motiviert zusätzlich und wenn man so will jedes Jahr aufs Neue. Ganz anders als bei einer Barlohnerhöhung, die ist nach drei Monaten selbstverständlich und damit bis zur nächsten Nachfrage vergessen ist. Menschen ticken nun mal so.

Dagegen fördern die langfristigen Zeitwertkonten die Attraktivität des Arbeitgebers von Null auf Hundert! Das Thema auf der firmeneigenen Homepage auch entsprechend zu vermarkten, wird das hohe „C“ der Zukunft, wenn man noch bei den Fachkräften wählerisch bleiben möchte.

Nach Auffassung des BMF sind Zeitwertkontovereinbarungen für den Personenkreis, der als Organ einer Körperschaft (Vorstandsmitglieder einer AG oder Geschäftsführer einer GmbH) fungiert, mit dem Aufgabenbild des Organs nicht vereinbar. Gemäß der Übergangsregelung sind für diesen Personenkreis Zuführungen bis zum 31.12.2009 für bis zu diesem Tag eingerichtete Zeitwertkontenmodelle weiterhin erst bei Auszahlung zu versteuern.

Welche Quellen – neben den genannten monetären Ideen – stehen einem Unternehmen noch zur Verfügung?

Mögliche Beitragsquellen zur Betriebsrente

<table>
<tr><td rowspan="2">Arbeitnehmer</td><td>Resturlaubs-
tage</td><td>Überstunden</td><td>Boni
Tantieme
Abfindungen</td><td>Sonder-
zahlungen</td><td rowspan="7">Gesamtkonzept als Baukasten</td></tr>
<tr><td colspan="4">Entgeltumwandlung (laufend und/oder Einmalbeiträge)</td></tr>
<tr><td colspan="5"></td></tr>
<tr><td rowspan="3">Arbeiteber</td><td>AVWL
(arbeitgeber-
finanziert)</td><td>Überstunden</td><td>Boni
Tantieme
Abfindungen</td><td>Sonder-
zahlungen</td></tr>
<tr><td colspan="4">Versorgungslohn statt Barlohn (Gehaltserhöhungen)</td></tr>
<tr><td colspan="4">Arbeitgeberfinanzierte Beiträge (laufen und/oder Einmalbeiträge)</td></tr>
</table>

Selbstverständlich lassen sich diese Quellen firmenspezifisch ergänzen und in das zuvor ausführliche „VISIONS-Dreieck“ integrieren. So haben Sie und Ihre Gesprächspartner einen schnellen Überblick, in welchen

Hierarchieebenen mögliche Zeitüberschüsse einfach nur die Bilanz der Firma im wahrsten Sinne des Wortes belasten. Daraufhin lässt sich jetzt leicht ein Vorschlag oder auch gern mehrere Vorschläge zum Reduzieren dieser hausgemachten Rückstellungen entwickeln.

BEISPIEL

5 leitende Angestellte (mittlere Ebene des Dreiecks) mit folgenden Zeitüberschüssen

Pers.-Nr.	Eintrittsjahr	Monatsbrutto	Zeitüberschuss
12	1993	3.420 €	9.253 €
27	1986	4.000 €	5.831 €
46	1998	3.410 €	18.810 €
52	1986	5.400 €	15.590 €
65	1997	2.630 €	10.311 €
Summe			59.795 €

Lösungsansätze (zu entscheiden vom Chef):

1. Einführen eines Langzeitkontos/Zeitwertkontos, um den Renteneintritt des Angestellten flexibel zu gestalten, übrigens nicht nur einseitig zu betrachten (Stichwort: geistiges Gut, langjährige Berufserfahrung und Netzwerke)
2. Einführen einer generellen Regelung zu Urlaubsansprüchen und Übernahme ins Folgejahr
3. Auszahlung von Resturlaubstagen in Form von Versorgungsansprüchen mittels Pensionsfonds für größere Unternehmen in Form einer Direktzusage oder Umwandlung von Entgeltbestandteilen gemäß § 3/63 neue Direktversicherung und
4. § 3/66 Unterstützungskasse (beide Durchführungswege bleiben bilanzneutral)

Fazit zum Thema ZEIT:

Am Ende des Tages wird immer in Euro umgerechnet. Das Unternehmen denkt also stets in Bruttolohn zzgl. Lohnnebenkosten. Die letzte Position gilt es unter Liquiditätsgesichtspunkten zu schmälern bzw. gegen Null zu rechnen. Der Arbeitnehmer hat demgegenüber zu 100 Prozent einen Leistungsanspruch.

Zur großen und luxuriösen Thematik „ZEIT" darf das Flexigesetz II nicht unerwähnt bleiben. Viele Kommissionen auch unter anderem um Professor Wellisch beschäftigen sich seit geraumer Zeit mit der richtigen Darstellung und Umsetzung von den so genannten „Langzeitkonten".

Gestatten Sie an dieser Stelle einen kleinen mathematischen Exkurs zu den „Langzeitkonten" oder auch „Zeitwertkonten".

Die Philosophie dahinter ist ja schlicht und ergreifend, dass Mehrarbeit in Form von Zeit aufgeschoben wird und noch vor Rentenbeginn dem Arbeitnehmer wieder in Form von Zeit zur Verfügung gestellt werden soll. Nun ja, die aktuellen Rentenanpassungsgesetze lassen dem Arbeitnehmer wenig finanziellen Spielraum für den Abruf der gesetzlichen Rente. Bei den Abzügen von 0,3 Prozent pro Monat lässt sich schnell ausrechnen, wie hoch die lebenslange Rente des Staates wirklich ist. Von einer Rendite mal ganz zu schweigen. Aber rechnen Sie selbst mit:

Nehmen wir einen durchschnittlich denkbaren Fall an. Das mit dem Herrn Eckrentner wird ja viel zu oft kritisiert. Ein Arbeitnehmer startet mit 27 Jahren ins Berufsleben. Zuvor hatte er eine Ausbildung absolviert, musste als Mann zur Bundeswehr und begann dann ein Studium zum Bachelor und zum Master. Schwupps ist er 27 Jahre und hat durch Bundeswehr und Ausbildung geringe Ansprüche angesammelt – hier 1,5 Entgeltpunkte. Durch das Studium steigt er mit 27 Jahren direkt beim Durchschnittseinkommen in Deutschland ein und erzielt pro Jahr einen Entgeltpunkt. Bis 35 gibt er sich mit diesem Beruf zufrieden. Er wechselt den Job und erhalt das 1,5-Fache des Durchschnittslohns, also ab dann 1,5 Entgeltpunkte. Mit 50 Jahren erreicht er dann das zweifache des Durchschnittslohnes, also 2 Entgeltpunkte pro Jahr. Bis dahin geht es weiter bis zum Renteneintrittsalter.

Bedingung: Keine Rentenerhöhungen ab 2009; 27,20 Euro Monatsrente pro Entgeltpunkt.

Erste Frage: Wie viele Entgeltpunkte erzielt der Arbeitnehmer bis zum 67. Lebensjahr?

vor 27:	1,5 Punkte
27 – 34 (8 Jahre x 1 Punkt):	8,0 Punkte
35 – 49 (15 Jahre x 1,5 Punkte):	22,5 Punkte
50 – 67 (17 Jahre x 2,0 Punkte):	34,0 Punkte
Insgesamt:	66,0 Punkte

Zweite Frage: Wie hoch ist demnach die Rente mit dem 67. Lebensjahr?

66 Entgeltpunkte x 27,20 Euro = 1.795,20 Euro

Wow ... Eine stolze Rente! Doch ist sie das auch nach Inflation von 2,5 Prozent nach 40 Jahren?

Hier kommt Ihr BWK Business® zum Einsatz, die Inflationsberechnung wird zum Kinderspiel und innerhalb von 20 Sekunden gelöst!

Eingabe	Display-anzeigen	Erklärung
1 P/YR	**P/YR 1,00**	Inflationsberechnung bei jährlicher Inflation.
40 xP/YR	**N 40,00**	40 Jahre vergehen zwischen dem 27. und 67. Lebensjahr.
2,5 I/YR	**I/YR NOM% 2,50**	Die Inflationsrate beträgt 2,5 Prozent.
0 PMT	**PMT 0,00**	Keine regelmäßigen Zahlungen bei Inflationsberechnungen.
1 795,2 FV	**FV 1.795,20**	Nach 40 Jahren soll die Rente rund 1.795,20 Euro betragen.
PV	**PV –668,59**	Berechnung der heutigen Kaufkraft.

Ergebnis: Nach 40 Jahren beträgt die Rente nach heutiger Kaufkraft rund 670 Euro. Diese wäre dann nur noch als Grundsicherung zu betrachten. Lassen Sie alle Angaben im BWK Business® gespeichert.

Weiter geht's. Vielleicht wird der Fall eintreten, dass der Arbeitnehmer einfach nicht bis 67 arbeiten kann. Er geht zwei Jahre früher in Rente. Was passiert?

Erstens: Ihm fehlen Entgeltpunkte! In den letzten beiden Jahren erhält er 2 Entgeltpunkte pro Jahr. Diese erhält er bei vorzeitigem Renteneintritt dann nicht mehr. Sein Entgeltpunktestand beträgt damit mit 65 lediglich 62 Punkte. Seine Rente:

62 Punkte x 27,20 Euro = 1.686,40 Euro

Dies sind 110 Euro weniger als beim Renteneintritt mit 67 Jahren.

Zweitens: „Strafe" des Staates. Geht er mit 65 in Rente, so erhält er – wie vorher schon genannt – eine Strafe (Rentenabschlag) von 0,3 Prozent pro Monat. Zwei Jahre, 24 Monate, 7,2 Prozent Rentenabschlag.

1.686,40 Euro – 7,2 Prozent = 1.564,98 Euro

Das sind nochmal 120 Euro weniger. Insgesamt kostet den Frührentner der zwei Jahre frühere Renteneinstieg 230 Euro.

Was bedeutet das wiederum nach Inflation von 2,5 Prozent und diesmal nur 38 Inflationsjahren? Die Änderungen erfassen Sie in Ihrem BWK Business®.

Eingabe	Display-anzeigen	Erklärung
38 xP/YR	**N** **38,00**	38 Jahre vergehen zwischen dem 27. und 65. Lebensjahr.
1 564,98 FV	**FV** **1.564,98**	Die Frührente mit 65 Jahren beträgt lediglich 1.565 Euro.
PV	**PV** **–612,35**	Berechnung der heutigen Kaufkraft.

> ***Ergebnis:*** Nach Inflation beträgt der Rentenabschlag immerhin rund 55 Euro. Gegen diesen Rentenabschlag könnte etwas getan werden in Sachen Zeitwertkonto, sodass die zwei Jahre noch mit Lohn und gezahlten Sozialversicherungsbeiträgen überbrückt werden.

Sie erinnern sich: Die Frage nach dem geistigen Gut eines Arbeitnehmers kurz vor Rentenbeginn ist ein rein immaterieller Wert, dennoch von hoher Bedeutung. Es fehlte vor dem Flexigesetz eine Verknüpfung von Alternativen, wie mit einer angesparten Zeit umgegangen werden kann.

Lassen Sie uns an einem Firmenbeispiel erarbeiten,

a) Welche Zielgruppe innerhalb des Visionsdreiecks sollten stets bevorzugt behandelt werden?

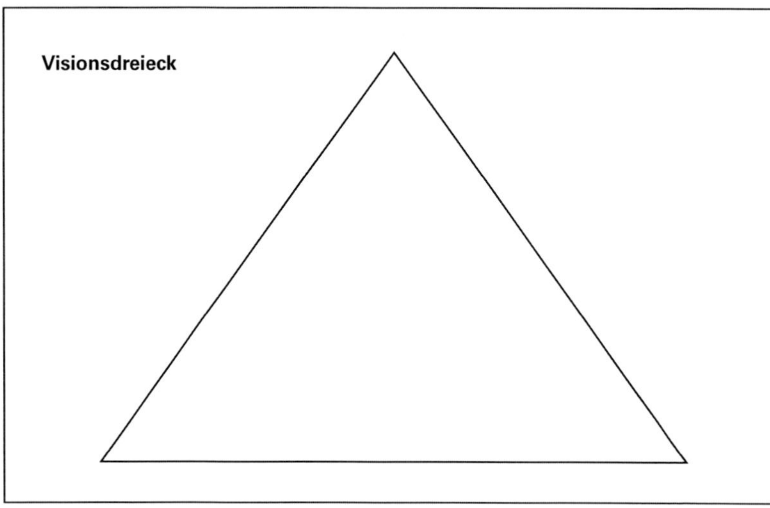

b) Welcher Nutzen ergibt sich für das Unternehmen und für den Arbeitnehmer?

Vorteile für Arbeitgeber und Arbeitnehmer

Arbeitgeber

- der Höhe nach unbegrenzte Einzahlungsmöglichkeiten
- modernes und serviceorientiertes Verwaltungssystem
- kostengünstig in der Umsetzung
- Mitarbeiterbindung und -motivation

⇨ mehr Flexibilität bei der Gestaltung des Vorruhestands
⇨ früher frei bei bestehendem Beschäftigungsverhältnis

Arbeitnehmer

- Absicherung von Versorgungslücken
- individuelle Gestaltung der Lebensarbeitszeit
- Insolvenzsicherung
- nachgelagerte Besteuerung
- Vererbbarkeit
- Ausschüttungen im Zeitwertkonto werden oft automatisch wiederangelegt (Zinseszinseffekt)
- hohe Transparenz der Kapitalanlage

BEISPIEL:

Ein Arbeitnehmer, 43 Jahre jung, mit Bruttoeinkommen von 3.700 Euro ist erbost über die Erhöhung des Renteneinstiegsalters auf 67 Jahre. Er möchte weiterhin mit 65 Jahren in Rente gehen. Selbstverständlich möchte er keine Abschläge der gesetzlichen Rente (wie im vorigen Beispiel) hinnehmen. Ein Zeitwertkonto, welches einen prognostizierten Effektivzins von 4 Prozent in der Ansparphase bietet, könnte die Lösung sein. Welchen Sparbeitrag muss er nun entrichten, um sich zwei Jahre weiterhin sein Bruttogehalt auszahlen zu lassen? Effektivzins in der Auszahlungsphase: 2,5 Prozent.

Berechnung Variante 1 – ohne Gehaltssteigerungen

In diesem Fall muss zurückgerechnet werden. Da heißt: Wir beginnen die Berechnung mit dem Zeitraum vom 65. bis zum 67. Lebensjahr. Wir müssen ja erst wissen, welches Zeitwertkontenvermögen der Arbeitnehmer besitzen muss, um sich zwei Jahr die Auszahlungen leisten zu können.

Auszahlungen aus Zeitwertkonten werden weiterhin mit Steuern und Sozialversicherungen belegt – wie der normale Lohn in der Ansparphase. Er benötigt also brutto 3.700 Euro monatlich. Die Berechnung erfolgt nun wieder einfach mit Ihrem BWK Business®:

Eingabe	Display-anzeigen	Erklärung
12 P/YR	P/YR 12,00	Monatliche Auszahlungen.
2 xP/YR	N 24,00	Die Auszahlungen aus dem Zeitwertkonto erfolgen zwei Jahre.
2,5 EFF%	I/YR NOM% 2,47	Die Auszahlungen erfolgen bei einem Effektivzins von 2,5 Prozent.
3 700 PMT	PMT 3.700,00	Monatlich müssen wiederum brutto 3.700 Euro aus dem Zeitwertkonto entnommen werden.
0 FV	FV 0,00	Mit dem Beginn der Rentenauszahlungen zum 67. Lebensjahr soll das Vermögen im Zeitwertkonto aufgezehrt sein.
PV	PV –86.553,84	Berechnung des Barwerts zu Beginn des 65. Lebensjahrs.

Lassen Sie alle Angaben in Ihrem BWK Business® gespeichert. Nun geht es darum, welcher Sparbeitrag in das Zeitwertkonto monatlich aus seinem Bruttolohn fließen muss, damit er dieses Vermögen zum 65. Lebensjahr erreicht.

Eingabe	Display-anzeigen	Erklärung
22 xP/YR	N 264,00	Vom 43. bis zum 65. Lebensjahr hat er noch 22 Sparjahre.
4 EFF%	I/YR NOM% 3,93	Der Effektivzins des Zeitwertkontos wird mit 4 Prozent prognostiziert.
RCL PV +/– FV	FV 86.553,84	Der Barwert der Auszahlungsphase wird als zu erreichendes Vermögen gespeichert.
0 PV	PV 0,00	Zu Beginn steht kein Einmalkapital zur Verfügung.
PMT	PMT –206,84	Berechnung der monatlichen Sparrate.

Er müsste aus seinem Bruttogehalt rund 207 Euro in das Zeitwertkonto einzahlen, Monat für Monat über 22 Jahre.

Nun der Vorteil für den Arbeitnehmer. Er kann den Sparbeitrag aus dem Bruttogehalt entnehmen und zahlt somit weniger Steuern und Sozialabgaben. Für einen verheirateten Arbeitnehmer (Steuerklasse III und keiner Kirchensteuerpflicht) ergibt es folgende Gegenüberstellung.

	vor ZWK-Modell	nach ZWK-Modell
Bruttolohn	3.700,00 €	3.700,00 €
– ZWK-Beitrag	0,00 €	–207,00 €
Bruttolohn nach ZWK-Beitrag	3.700,00 €	3.493,00 €
– Steuern	456,98 €	401,06 €
– Sozialabgaben	755,30 €	715,19 €
Summe der Abzüge	1.212,28 €	1.116,25 €
= Nettogehalt	2.487,72 €	2.376,75 €

Der Arbeitnehmer zahlt also in diesem Fall lediglich einen Nettobetrag von 110,97 Euro. Für die heutigen Einsparungen bzw. die Förderquote von 46 Prozent nutzt er den Zinseszinseffekt.

Berechnung Variante 2 – Gehaltssteigerungen von 2 Prozent p. a.

Dieser Fall mit angenommenen Gehaltssteigerungen ist ein wenig realistischer. Ihre Kunden werden Ihnen da bestimmt Recht geben. Der Arbeitnehmer, wie im vorigen Fall, mit 3.700 Euro brutto hat im 65. Lebensjahr ein sicherlich anderes Einkommen, welches er dann zwischen dem 65. und 67. Lebensjahr erhalten möchte. Auch das ist einfach im BWK Business® zu berücksichtigen.

Beginnen wir wieder im ersten Schritt: Welches Vermögen benötigt also der Arbeitnehmer mit 65, um sich das Gehalt weitere zwei Jahre auszahlen zu lassen? Doch hier sollte schon die erste Frage bei Ihnen auftauchen: Wie hoch ist denn das Gehalt nach beispielsweise 2 Prozent jährlichen Gehaltssteigerungen mit dem 65. Lebensjahr? Nehmen Sie Ihren BWK Business® und ermitteln den Wert.

Eingabe	Display-anzeigen	Erklärung
1 P/YR	P/YR 1,00	Jährliche Steigerung des Gehalts.
22 xP/YR	N 22,00	Vom 43. bis 65. Lebensjahr vergehen noch 22 Jahre.
2 I/YR	I/YR NOM% 2,00	Die jährlichen Gehaltssteigerungen liegen bei zwei Prozent.
3 700 PV	PV 3.700,00	Heute verdient der Arbeitnehmer 3.700 Euro.
0 PMT	PMT 0,00	Keine regelmäßigen Ein- und Auszahlungen in dieser Berechnung.
FV	FV –5.720,12	Berechnung des Bruttogehalts nach Gehaltssteigerungen zum 65. Lebensjahr.

Einigen wir uns darauf, dass der Arbeitnehmer glatte 5.720 Euro verdient. Eine stolze Summe? Nein, sagen wir. Denn die Inflation wird dazu beitragen, dass der Arbeitnehmer keinen Mehrwert mit dem 65. Lebensjahr spürt. Mit diesem Bruttogehalt können Sie wiederum das notwendige Vermögen ermitteln, wie in Variante 1.

Eingabe	Display-anzeigen	Erklärung
12 P/YR	P/YR 12,00	Monatliche Auszahlungen.
2 xP/YR	N 24,00	Die Auszahlungen aus dem Zeitwertkonto erfolgen zwei Jahre.
2,5 EFF%	I/YR NOM% 2,47	Die Auszahlungen erfolgen bei einem Effektivzins von 2,5 Prozent.
5 720 PMT	PMT 5.720,00	Monatlich müssen nach Gehaltssteigerungen brutto 5.720 Euro aus dem Zeitwertkonto entnommen werden.
0 FV	FV 0,00	Mit dem Beginn der Rentenauszahlungen zum 67. Lebensjahr soll das Vermögen im Zeitwertkonto aufgezehrt sein.
PV	PV –133.807,55	Berechnung des Barwerts zu Beginn des 65. Lebensjahrs.

Lassen Sie alle Angaben im BWK Business gespeichert. Durch die Gehaltssteigerungen benötigt der Arbeitnehmer rund 48.000 Euro mehr Kapital. Wie wirkt sich das höhere Vermögen auf die Sparrate aus?

Eingabe	Display-anzeigen	Erklärung
22 xP/YR	N 264,00	Vom 43. bis zum 65. Lebensjahr hat er noch 22 Sparjahre.
4 EFF%	I/YR NOM% 3,93	Der Effektivzins des Zeitwertkontos wird mit 4 Prozent prognostiziert.
RCL PV +/– FV	FV 133.807,55	Der Barwert der Auszahlungsphase wird als zu erreichendes Vermögen gespeichert.
0 PV	PV 0,00	Zu Beginn steht kein Einmalkapital zur Verfügung.
PMT	PMT –319,76	Berechnung der monatlichen Sparrate.

Lassen Sie wieder alle Angaben im BWK Business® gespeichert.

Stopp

Könnte der Kunde nicht eine dynamische Sparrate wünschen? Sein Gehalt steigt (wahrscheinlich brutto) jährlich um 2 Prozent. Ist es nicht dann auch sinnvoll, die Sparquote stabil zu halten und mit einer Dynamik von zwei Prozent anzusparen? Eine direkte Sparleistung von 320 Euro – netto rund 180 Euro – für den Arbeitnehmer ist heute vielleicht zu hoch. Um die Dynamik im BWK Business® zu berücksichtigen sind nur wenige Änderungen vorzunehmen.

Eingabe	Display-anzeigen	Erklärung
2 %D	%D 2,00	Eingabe der Dynamikrate von zwei Prozent.
12 SHIFT %D	xD 12,00	Die Steigerung soll jedes Jahr – also alle 12 Monate erfolgen.
P/D	P/D –265,83	Berechnung der anfänglichen Sparrate mit dem 43. Lebensjahr.
SHIFT P/D	P/DE –402,91	Berechnung der Sparrate im letzten Jahr – dem 64. Lebensjahr.

Nun haben Sie den Plan – einen richtig guten Plan. Zeigen Sie nun dem Arbeitnehmer, welche Nettosparrate er im 43. und 64. Lebensjahr zahlt.

☐ 43. Lebensjahr

	vor ZWK-Modell		nach ZWK-Modell
Bruttolohn	3.700,00 €		3.700,00 €
– ZWK-Beitrag	0,00 €		–266,00 €
Bruttolohn nach ZWK-Beitrag	3.700,00 €		3.434,00 €
– Steuern	456,98 €		385,24 €
– Sozialabgaben	755,30 €		713,36 €
Summe der Abzüge	1.212,28 €		1.098,60 €
= Nettogehalt	2.487,72 €		2.335,40 €

Selbstverständlich möchten wir auch darstellen, wie es dann im 64. Lebensjahr aussehen könnte. Hier jedoch der Hinweis, dass auch Steuern und Sozialversicherungsbeiträge angepasst werden und dies das Bild vielleicht ein wenig verzerrt. Im Folgenden die Annahme, dass es bei der heutigen Gesetzgebung und den heutigen Beitragssätzen bleibt.

☐ 64. Lebensjahr

	vor ZWK-Modell		nach ZWK-Modell
Bruttolohn	5.720,00 €		5.720,00 €
– ZWK-Beitrag	0,00 €		–403,00 €
Sozialversich.pflichtige Bezüge	5.400,00 €		5.317,00 €
– Steuern	1.067,30 €		933,67 €
– Sozialabgaben	948,25 €		938,83 €
Summe der Abzüge	2.015,55 €		1.872,50 €
= Nettogehalt	3.704,45 €		3.444,50 €

Durch den hohen Lohn, und hier nehmen wir keine Veränderungen der heutigen Sozialversicherungsbemessungsgrenzen an, wird die Zulagenquote verringert. Im letzten Jahr spart er 403 Euro und zahlt lediglich 259,95 Euro dafür.

Nun werden einige Arbeitnehmer fragen, ob sich ein Zeitwertkonto überhaupt rentiert, denn zwischen dem 65. und 67. Lebensjahr werden ja wieder einige Abgaben fällig. Anstatt einem „Selbstverständlich" und einigen Argument lassen Sie die Zahlen sprechen. Nehmen wir hierzu die Variante 1. Netto fließt dem Arbeitnehmer 22 Jahre lang rund 180 Euro aus der Tasche (hier nehmen wir eine gleichmäßige Sparrate pro Monat an – ohne Dynamik). Dafür erhält er zwischen dem 65. und 67. Lebensjahr wiederum seinen Nettolohn von 3.704,45 Euro 24 Monate ausgezahlt. Welchem Effektivzins entspricht dieses Geschäft?

Hinweis: *Es handelt sich um eine Treppenrechnung. Erst wird über einen bestimmten Zeitraum etwas gezahlt, danach wird für mehr als einen Monat etwas entnommen. Um beide Zeiträume mittels BWK Business® zu betrachten, benötigen Sie den Cashflow-Modus des Rechners. Diesen wenden meist nur fortgeschrittene User an. Sollten Sie noch nicht mit dem Modus vertraut sein, legen Sie sich das Buch „Rechentraining für Finanzdienstleister Band 2" – ebenfalls Gabler Verlag – zu.*

In der Ansparphase war die Rede von 4 Prozent Anlagezins, in der Rentenphase von 2,5 Prozent. Insgesamt jedoch hat der Arbeitnehmer die Chance auf 4,95 Prozent (s. Berechnung auf der Folgeseite). Ein wirklich gutes Geschäft.

Dass der Gesetzgeber durch das Flexigesetz II mögliche Renditen, aber auch Risiken begrenzt hat, erwähnten wir eingangs bereits. So war vorher noch eine Aktienquote von 100 Prozent möglich. Nach dem Gesetzesbeschluss sind es lediglich noch 20 Prozent.

Eingabe	Display-anzeigen	Erklärung
12 P/YR	P/YR 12,00	Monatliche Betrachtungsweise.
CF	CASHFLOW CF 00 0,00	Starten des Cashflow-Modus.
▼ 180 +/–	CASHFLOW CF 01 –180	Drücken von Pfeiltaste unten, um in die nächste Tabellenzeile zu gelangen. Eingabe der Nettosparrate des Arbeitnehmers.
▶ 264	CASHFLOW CFN 01 264	Drücken von Pfeiltaste rechts, um in die nächste Spalte, der Laufzeit des Cashflow, zu gelangen. Die Anspardauer beträgt 264 Monate (22 Jahre).
▼ 3704,45	CASHFLOW CF 02 3.704,45	Pfeiltaste unten, um den nächsten Cashflow einzugeben. Es werden monatlich Nettorenten von 3.704,45 Euro ab dem 65. Lebensjahr gezahlt.
▶ 24	CASHFLOW CFN 02 24	Pfeiltaste rechts, um die Laufzeit des Cashflows einzugeben. Diese beträgt 24 Monate (65. – 67. Lebensjahr).
▲▲▲ CALC	CASHFLOW CF% 4,84	3-maliges drücken der Pfeiltaste oben, um in das Feld des internen Zinsfuß CF % zu gelangen. CALC zum Berechnen drücken.
EFF% (gedrückt halten)	CASHFLOW CF% 4,95	Umrechnung des nominalen internen Zinsfußes in den Effektivzins.
CF	0,00	Beenden des Cashflow-Modus.

Nun aber zurück zu dem, was es dem Unternehmen bringt, über Zeitwertkonten Arbeitnehmer freizustellen.

- Nutzen für Unternehmen/Arbeitnehmer:
  - AN erhält Beratervertrag, um geistiges Gut weiterhin an Nachwuchskräfte zu geben.
  - Netzwerk der älteren Angestellten wird sukzessive weitergegeben.
  - Kundenbestand wird bewusst schleppend an neuen Ansprechpartner gewöhnt.

Der Arbeitnehmer behält in der Freistellungsphase seinen Vertrag mit dem Unternehmen und genießt weiterhin alle Vorteile, die firmenintern zwischen Geschäftsleitung und Belegschaft/Betriebsrat vereinbart wurden.

- Beispiele hierfür können sein:
  - Nutzung eines Firmenwagens
  - Anerkennung der Dienstjubiläen mit entsprechender Gratifikation
  - Ansprüche aus dem Bundesurlaubsgesetz auf 20 Arbeitstage bestehen ebenso in der Freistellungsphase
  - Beiträge in die SV-Träger werden weitergezahlt
  - Krankheitsfälle in dieser Phase sind versichert und zehren nicht das eigene Wertkonto auf
  - Reduzieren der Arbeitszeit/Leistung aus dem Wertkonto kann auf bis zu 70 Prozent erfolgen

Fazit: Das Flexigesetz II bietet eine gute Plattform für deutsche (und französische) Unternehmen, um ein professionelles Personalprogramm anzustreben. Einsparungen wie in der klassischen bAV stehen hier jedoch nicht im Vordergrund. Bilanzielle Auswirkungen sind lediglich eine Verlängerung der Bilanz. Ausgenommen von diesem Zeit-Modell sind GGF und Vorstände. Per Saldo ein Incentive-Programm für leitende Angestellte und/oder angestellte Familienangehörige mit hoher Loyalität, Souveränität und Leistung für die Unternehmensziele.

VL – Vermögenswirksame Leistungen – ein Thema fürs Alter

Unser Gespräch macht einen kleinen Schlenker zur VL-Thematik.

Das Vermögensbildungsgesetz ist ein fast unscheinbares Gesetz in diesen turbulenten Zeiten. Auch wenn gerade neu mit interessanten Programmen aufgelegt. Man glaubt doch tatsächlich in beratenden Dienstleistungsbranchen, dass in Deutschland kaum noch Unternehmen VL zahlen. Weit gefehlt. In den letzten dreieinhalb Jahren habe ich die Erfahrung machen dürfen, dass ich zu 90 Prozent aller Firmen nur zu diesen Möglichkeiten beraten habe. Übrigens wurde dieses Modell der Umwandlung der VL in AVWL (altersvorsorgewirksame Leistungen) als erstes von der IG Metall entwickelt und ist somit wegweisend für alle Tarifparteien freigegeben. Bis auf wenige Ausnahmen, versteht sich. Die Idee ist genial wie simpel.

BEISPIEL

Ein Arbeitnehmer hat ein Bruttoeinkommen von 1.500 Euro. Hinzu kommt der Arbeitgeberanteil zu Vermögenswirksamen Leistungen (VL) von 19,90 Euro. Insgesamt hat der Arbeitnehmer damit ein Bruttoeinkommen von aktuell 1.519,90 Euro. Er ist nicht kirchensteuerpflichtig. Als Berater unterbreiten Sie dem Arbeitgeber und Arbeitnehmer nun folgenden Vorschlag:

- Umwandlung der Arbeitgeberfinanzierten 19,90 Euro von VL in AVWL
- gleiches Nettoeinkommen bei optimaler Entgeltumwandlung

Lösung:

Hier die Gegenüberstellung vor und nach Ihrem Vorschlag aus Sicht des Arbeitnehmers.

	ohne bAV – mit VL		mit bAV – mit AVWL
Bruttolohn	1.500,00 €		1.500,00 €
– bAV-Beitrag	0,00 €		–20,51 €
+ VL-Arbeitgeberanteil	19,90 €		19,90 €
– AVWL-Beitrag	0,00 €		–19,90 €
Bruttolohn nach bAV/VL	1.519,90 €		1.479,49 €
– Steuern	–131,25 €		–119,03 €
– Sozialabgaben	–311,20 €		–302,92 €
– VL-Beitrag	–19,90 €		0,00 €
Summe der Abzüge	462,35 €		421,95 €
= Nettogehalt	1.057,55 €		1.057,54 €

Auf Arbeitnehmerseite bleibt hängen: Er hat einen Cent weniger netto, wird also nicht schlechter gestellt. „Wer den Pfennig/Cent nicht ehrt, ist des Talers nicht wert“ mal außen vor gelassen. Zudem spart er anstatt nur 19,90 Euro in VL, 40,41 Euro in die betriebliche Altersvorsorge.

Fazit: 20,51 Euro mehr sparen – nichts dafür zahlen. Eine Förderquote von 100 Prozent. Ein WOW-Effekt für die meisten Unternehmer. Eine klare Sache!

Folgende Punkte werden Sie vielleicht kritisieren:

1. Auf den Sparanteil gibt es keine Arbeitnehmersparzulage!
Stimmt. Der Arbeitnehmer hat ein zu versteuerndes Jahreseinkommen von unter 20.000 Euro und hat somit Anspruch darauf. Im schlimmsten Fall könnte er beim Investmentsparen 20 Prozent vom Staat auf den jährlichen Beitrag von 238,80 Euro kassieren – also 47,76 Euro, jeweils gezahlt am Ende der Sperrfrist von sieben Jahren.

Aber: Nach zweieinhalb Monaten optimiertem AVWL-Sparen hat er die staatliche Prämie durch die Entgeltumwandlung wieder raus. Zudem erzielt er direkt den Zinseszinseffekt auf den höheren Sparbeitrag in bAV und nicht erst bei den staatlichen Prämien nach der Sperrfrist von sieben Jahren.

2. Die Betriebliche Altersvorsorge wird nachgelagert besteuert und Krankenversicherungsbeiträge sind zu zahlen!
Stimmt auch! Hier entgegenzusetzen ist jedoch neuerdings auch die Abgeltungsteuer, die auf Gewinne/Zinsen/Dividenden bei VL-Sparen anfällt.

3. Der Arbeitnehmer verliert durch Entgeltumwandlung Ansprüche aus der gesetzlichen Rentenversicherung.
Auch das ist wahr. Nun kennen Sie jedoch die Rentendebatte und wissen auch, dass dieses System nicht lange gut gehen kann, aufgrund der demografischen Entwicklung. Rentengarantien werden geschaffen, was zeigt, dass auch Politiker Rentenkürzungen gesetzlich entgegen wirken. Doch irgendjemand wird diese Garantien irgendwann streichen. Auch Erwerbsminderungsrente und Hinterbliebenenschutz wird durch Entgeltumwandlung theoretisch gekürzt. Doch auch hier wissen Sie als Berater, dass private Vorsorge unersetzlich ist.

Im Gesamturteil ein klares „Ja!“ für AVWL. Auch für den Arbeitgeber?

Im vorherigen Vorschlag hat sich im Bruttogehalt nichts geändert. In beiden Fällen fließt dem Arbeitgeber 1.519,90 Euro aus der Tasche an den Arbeitnehmer. Durch die Entgeltumwandlung spart er ebenso bei den Sozialabgaben.

Auch hier die Gegenüberstellung:

	ohne bAV – mit VL		mit bAV über EU – ohne VL
Sozialversicherungspflichtige Bezüge des Arbeitnehmers	1.519,90 €		1.479,49 €
Entgeltumwandlung	0,00 €		40,41 €
– Rentenversicherung	151,23 €		147,21 €
– Arbeitslosenversicherung	21,28 €		20,71 €
– Krankenversicherung	106,39 €		103,56 €
– Pflegeversicherung	14,82 €		14,43 €
Summe der Sozialabgaben:	293,72 €		285,91 €
= Ersparnis pro Monat			7,81 €

Die Ersparnis klingt mit 7,81 Euro pro Monat gering. Vergessen Sie jedoch nicht die Multiplikatoren! Pro Jahr entspricht es je Arbeitnehmer 93,72 Euro. Arbeiten im Betrieb 400 Arbeitnehmer sind es mal eben 37.488 Euro Mehrgewinn für das Unternehmen – ohne Zwang zur Umsatzsteigerung.

Welcher Arbeitgeber legt dort nicht noch ein wenig drauf, sodass der Arbeitnehmer insgesamt 50 Euro Entgeltumwandlung durchführen kann. Monat für Monat. Das sollte doch ein stattliches Vermögen im Rentenalter ergeben.

Rechnen Sie selbst mir Ihrem Finanztaschenrechner BWK Business® – dem Kompetenztool in solchen Fragen. Der Arbeitnehmer hat noch 30 Jahre bis zu seinem Renteneinstiegsalter. In der betrieblichen Altersvorsorgeform – welche auch immer – erzielt er angenommene 5 Prozent Rendite auf seine 50 Euro.

Eingabe	Display-anzeigen	Erklärung
12 P/YR	P/YR 12,00	Es wird monatlich gespart.
30 xP/YR	N 360,00	Bis zum Renteneintritt vergehen noch 30 Jahre.
5 EFF%	I/YR NOM% 4,89	Es wird eine Rendite (Effektivzins) von 5 Prozent erzielt.
0 PV	PV 0,00	Keine Einmalanlage zu Beginn.
50 +/– PMT	PMT –50,00	Monatliche Sparrate durch Entgeltumwandlung.
FV	FV 40.768,80	Berechnung des Vermögens bei Renteneintritt.

Ergebnis: Bis zum Renteneintritt werden rund 41.000 Euro erzielt. Bitte alle Angaben im BWK Business® belassen.

Sie sind immer noch nicht überzeugt und möchten lieber 19,90 Euro in Vermögenswirksame Leistungen stecken? Nun gut – hier der Vergleich – ebenso bei 5 Prozent Rendite.

Eingabe	Display-anzeigen	Erklärung
19,9 +/– PMT	PMT –19,90	Monatlich werden 19,90 Euro in die VL gespart.
FV	FV 16.225,98	Berechnung des Endvermögens nach 30 Jahren.

Ergebnis: Bei VL-Sparen kommen gerade einmal rund 16.000 Euro bis zum Rentenalter zustande. Lassen Sie auch wiederum alle Angaben im BWK Business® gespeichert.

Also: Wir persönlich würden uns für 41.000 Euro anstatt für 16.000 Euro entscheiden. Wie sehen Sie es?

Kurze Anmerkung: Sie sehen, dass der BWK Business® in solchen Berechnungen unschlagbar ist. In wenigen Sekunden – wenn Sie geübt sind – zinsen Sie auf und ab, machen Sie Vermögen der unterschiedlichen Sparweisen klar, rechnen Renditen und Vorsorgekonzepte aus – und brauchen dafür keine weitere Software.

Weiter geht's. Noch eine Berechnung. Der Arbeitnehmer erhält durchschnittlich zwei Prozent Gehaltssteigerung pro Jahr. Seinen Sparbetrag in die bAV möchte er ebenso um diesen Prozentsatz erhöhen – also ein Sparvertrag mit Dynamik. Welches Vermögen erreicht er nun?

Eingabe	Display-anzeigen	Erklärung
50 +/– P/D	P/D –50,00	Anfängliche Dynamiksparrate der Entgeltumwandlung.
2 %D	%D 2,00	Dynamische Steigerung um 2 Prozent.
12 SHIFT %D	xD 12,00	Jährliche Steigerung – alle zwölf Monate.
SHIFT P/D	P/DE –88,79	Ermittlung der Entgeltumwandlung im letzten Jahr. Dieser Schritt ist nicht notwendig und dient nur der Information.
FV	FV 51.352,16	Berechnung des Endvermögens.

Ergebnis: Setzt er die Gehaltssteigerungen auch in Entgeltumwandlung ein, so erzielt er nochmals rund 10.000 Euro mehr zum Rentenbeginn.

Auch Gehaltssteigerungen können Sie mit dem BWK Business® schnell und einfach umsetzen und berechnen.

Weiter geht's. Dem Arbeitnehmer sind vielleicht 40 Euro Entgeltumwandlung nicht genug – auch hierauf sollten Sie Ihre Präsentation abstimmen. Er kann ja 4 Prozent der Beitragsbemessungsgrenze (2009: 66.000 Euro p. a.) umwandeln. Monatlich also bis zu 220 Euro. Er möchte erst einmal mit 80 Euro monatlich beginnen. Ein guter Betrag. Hier wieder die Gegenüberstellungen aus Arbeitnehmer- und Arbeitgebersicht:

	ohne bAV – mit VL		**mit bAV – mit AVWL**
Bruttolohn	1.500,00 €		1.500,00 €
– bAV-Beitrag	0,00 €		–60,10 €
+ VL-Arbeitgeberanteil	19,90 €		19,90 €
– AVWL-Beitrag	0,00 €		–19,90 €
Bruttolohn nach bAV/VL	1.519,90 €		1.439,90 €
– Steuern	–131,25 €		–105,69 €
– Sozialabgaben	–311,20 €		–294,82 €
– VL-Beitrag	–19,90 €		0,00 €
Summe der Abzüge	462,35 €		400,51 €
= Nettogehalt	1.057,55 €		1.039,39 €

Der Arbeitnehmer verzichtet in dem Fall auf genau 18,16 Euro und spart 80 Euro durch Entgeltumwandlung – 60,10 Euro mehr als bei VL-Sparen. Das entspricht einer Förderquote von rund 77 Prozent. Gegenüber einer VL-Förderung von maximal 20 Prozent doch eine klare Sache.

Für den Arbeitgeber ist diese Aufstellung zwar interessant, ist jedoch auch eine Erhöhung der Sparrate für ihn finanziell vorteilhaft? Hier die Lösung:

	ohne bAV – mit VL	mit bAV – mit AVWL + EUW
Sozialversicherungspflichtige Bezüge des Arbeitnehmers	1.519,90 €	1.439,90 €
Entgeltumwandlung	0,00 €	80,00 €
– Rentenversicherung	151,23 €	143,27 €
– Arbeitslosenversicherung	21,28 €	20,16 €
– Krankenversicherung	106,39 €	100,79 €
– Pflegeversicherung	14,82 €	14,04 €
Summe der Sozialabgaben:	293,72 €	278,26 €
= Ersparnis		15,46 €

Monatlich spart er also 15,46 Euro pro Arbeitnehmer ein. 7,65 Euro mehr als bei nur 40 Euro Entgeltumwandlung. Jährlich bleibt ein Einsparpotenzial von insgesamt 185,52 Euro pro Arbeitnehmer. Bei 400 Arbeitnehmern 74.208 Euro.

Ein Paradebeispiel. Denn: Was versucht der Arbeitgeber nun? Er versucht, dass seine Arbeitnehmer einen möglichst hohen Anteil durch Entgeltumwandlung sparen. Entweder fördert er umso mehr oder er hat einfach mehr in seiner Kasse. Monat für Monat. Jahr für Jahr. Für Sie umso besser.

Fazit: Wer VL von seinem Arbeitgeber vertraglich regelt (mit Zahlungen in einen Bausparvertrag oder Investmentsparvertrag), kann nicht rechnen und die Zeichen der Zeit verstehen!

Diese AVWL geschickt mit einer Firmenrente oder Betriebsrente im eigenen Hause zu vermarkten – das ist ganz großes Kino.

> ***Hinweis:*** *Neben der IG Metall haben auch die Tarifparteien für medizinische Fachkräfte, der Chemie, der Elektro-, Eisen-, Holz- und Papierindustrie diese Umwandlung möglich gemacht.*

Eine geniale Verbindung der Tarifparteien beide im Arbeitsprozess aufeinander treffende Partner – Arbeitnehmer und Arbeitgeber – an das langfristige Denken zu gewöhnen. Trotz schwieriger Zeiten, in denen wir das Gefühl haben, die nächsten 24 Stunden nicht beeinflussen zu können, stößt diese Motivationsschiene auf Interesse in den Unternehmen, in denen ich beraten durfte.

Das neue Personalprogramm steht – ein kurzes Zwischenfazit

Die erste Frage, die sich der Unternehmer spätestens zu diesem Zeitpunkt stellt, ist, wo liegt der Nutzen des ganzen Aufwandes. Schließlich muss aus Haftungsgründen (s. Seite 62 ff. Haftungen des Arbeitgebers) jede Einzelberatung im Betrieb durchgeführt werden. Pro Arbeitnehmer bedeutet das einen Arbeitsausfall von ca. 30 bis 45 Minuten. Die Personalabteilung bzw. Gehaltsabrechner werden einmalig die Gehaltsprogramme mit Daten versorgen müssen. Im ersten Schritt zwar nur einmalig, aber je höher die Fluktuation desto höher ist auch der administrative Arbeitsaufwand. Letztlich ergibt sich bei anwesenden Gästen in Unternehmen während des gewohnten täglichen Arbeitsprozesses eine Welle der Dynamik von Flur- und Kantinengesprächen: „Wie sind die denn so? Hast du das verstanden, was die von uns wollten? Warum haben wir so eine Beratung nicht schon früher angeboten bekommen?“ etc. Auch bei der simplen Anforderung des Erstellens einer so genannten Beraterlogistik, sprich: Wer geht wann in die Beratung, tauchen die ersten sichtbaren Defizite bei Führungskräften auf. Hier entscheidet sich, wer über Autorität in seiner Abteilung oder in dem zu verantworteten Bereich verfügt. Wir haben alle Varianten der Teamarbeit erlebt, glauben Sie mir es.

Zum eigentlichen Nutzen trägt jedoch die gute altbekannte Mundpropaganda bei. Wenn ein Mitarbeiter außerhalb des Firmengeländes von seinem Arbeitgeber erzählt, in Geburtstagrunden in der Verwandtschaft, was wird wohl heutzutage positiv berichtet? Aber er hat eine neue Story und dahinter steht: „Meine gesetzliche Rente kann ich der Höhe nach nicht einschätzen, aber meine Firma hat an mich gedacht und ich habe so eine Betriebsrente unterschrieben." Viele sind so begeistert und schickten uns ihre Partner zur Beratung, damit sie diese Möglichkeit wieder in ihre Unternehmen tragen konnten. Manchmal sind wir echt nicht hinterher gekommen, uns alle Firmen aufzuschreiben, die uns quasi so nebenbei genannt wurden. Okay, da war auch ein kleiner Nutzen für uns dabei. Aber in Deutschland ist es sensationell, wenn du in deiner Freizeit positiv über deinen Arbeitgeber sprechen kannst. Diese Betriebsrente hat noch einen charmanten Vorteil. Selbst in der Rentenzeit wird dieser Arbeitnehmer über seine Firma reden. Er steht somit ein Leben lang mit seinem Chef in Verbindung. Darüber hinaus auch seine Familie. Meist wird eine Hinterbliebenenversorgung einbezogen, so dass nicht in Anspruch genommene Leistungen entsprechend der Nachfolgeregelung ausgezahlt werden. Ganz ehrlich, was für eine tolle Firma muss das sein, in der dieser Mitarbeiter arbeiten durfte.

Ein etwas älterer Kollege und guter Freund von mir, sagte mir schon Ende der 1990-er Jahre: „Erzähle Deinen Kunden (er meinte Unternehmer), die sollen das machen und ihre Leute nicht so viel fragen. Die meisten werden die Vorteile erst verstehen, wenn sie unmittelbar von der Rente betroffen sind." Auch wenn ich noch nicht im Rentenalter bin, weiß ich jetzt schon durch meine Arbeit, die teilweise immer noch einen Missionarscharakter trägt, wie Recht er hatte.

Lassen Sie uns kurz einen Zwischenstand unseres Gesprächs zusammenfassen. Meist verwende ich folgenden Wortlaut:

„Für mich zum besseren Verständnis fasse ich gern die besprochenen Inhalte zusammen. Bitte korrigieren Sie mich, wenn ein Missverständnis bei mir vorliegen sollte."

1. Erarbeiten eines Visionsdreiecks mit Festhalten der heutigen Situation in der Firma
2. Programme pro Hierarchieebene entwickelt anhand von demografischen Faktoren
3. Einführen eines betrieblichen Gesundheitsmanagements (obligatorisch/optional)
4. Zusammenfassen des neuen Personalkonzeptes in einer Versorgungsordnung/Betriebsvereinbarung
5. Vorteile für Unternehmen und Arbeitnehmer errechnet und mit Argumenten unterlegt
6. Entscheidungsgremien diskutiert (Projektleiter mit Gesellschafter; Vorstand etc.)

An der Art und Weise erkennen Sie, dass wir im Gespräch zunächst die grundlegenden Bausteine besprochen haben. Mögliche weitere Optionen, je nach Hierarchie, sind generell in der Kombination realisierbar. Sind diese Optionen wie eine Betriebs-BUZ-Rente aber auch sinnvoll? Lassen Sie uns hier auch wieder einfach die Zahlen für sich sprechen:

BEISPIEL

Ein 34-jähriger Arbeitnehmer mit zu versteuerndem Jahreseinkommen von 23.000 Euro kann eine private Berufsunfähigkeitsversicherung (BU) über 750 Euro für einen monatlichen Beitrag von 84 Euro abschließen. Aktuell liegt der ermäßigte Beitrag bei 61 Euro. Er könnte jedoch genauso eine Betriebsrente mit BUZ abschließen. Hier zahlt er insgesamt 95 Euro – 75 Euro entfallen auf die BUZ.

Wenn Sie einem Arbeitnehmer lediglich diese Zahlen vorlegen, wird er sich natürlich für die private BUZ entscheiden. Kostet ja erstmal weniger. Für die betriebliche BUZ entscheidet er sich nur, wenn er aufgrund von Vorerkrankungen keine private BUZ erhält. Hier direkt ein erster Vorteil: In eine betriebliche BUZ kann ein Arbeitnehmer in der Regel ohne oder mit gekürzter Gesundheitsprüfung einsteigen.

Steuer- und Sozialversicherungsrechtlich unterscheiden sich die private und betriebliche BUZ jedoch erheblich:

- **Betriebliche BUZ:** Einzahlungen durch Entgeltumwandlung Steuer- und Sozialversicherungsfrei. Auszahlungen (BU-Renten) **voll** steuer-, kranken- und pflegeversicherungspflichtig.
- **Private BU:** Einzahlungen aus privaten Nettoeinkommen. Auszahlungen werden lediglich mit dem Ertragsanteil besteuert.

Wie wirkt sich dieser Unterschied aus? Nehmen wir die betriebliche BU-Rente. Hier würde er 95 Euro monatlich zahlen, entsprechend 1.140 Euro im Jahr. Dieser Betrag fließt jedoch aus dem Bruttoeinkommen heraus. Die Folge sind Steuer- und Sozialversicherungsersparnis. Hier im Überblick:

Steuerersparnis p.a.:	327 €
Sozialversicherungsersparnis p.a.:	233 €
Gesamtersparnis p.a.:	560 €

49 Prozent erhält er also vom Staat geschenkt und zahlt unter dem Strich (netto) lediglich 580 Euro, entsprechend 48,33 Euro monatlich. Dieser Beitrag liegt netto nun unterhalb der privaten BU.

Warum also nicht gleich die BUZ über eine betriebliche Rente abschließen? Eine BU-Rentenauszahlung müsste er bei der betrieblichen Lösung voll versteuern, sowie Kranken- und Pflegeversicherung darauf übernehmen. Bei einem angenommenen Steuersatz von 20 Prozent und 16 Prozent für Kranken- und Pflegeversicherungen erhält der Arbeitnehmer eine BU-Rente von netto 480 Euro.

Zusammengefasst: Monatlich 48 Euro zahlen (ca. 38,33 BU-Anteil), bei BU-Leistungsfall 480 Euro kassieren. Achten Sie darauf, dass in der Betriebsrente der BU-Beitrag separat ausgewiesen ist. Nur dieser zählt für den Vergleich mit einer privaten BU – in unserem Fall die 38,33 Euro.

Anders sieht es bei der privaten BU aus. Hier erfolgt die Ertragsanteilsbesteuerung. Es kommt darauf an, in welchem Alter der Kunde ein BU-Fall wird und wie lange die BU-Rente dann noch gezahlt wird (§ 55 EStDV).

Tritt der BUZ-Leistungsfall zum Beispiel mit dem 50. Lebensjahr ein, so wird bis zum 67. Lebensjahr (in unserem Rechenbeispiel), also noch 17 Jahre, die Rente gezahlt. Der Ertragsanteil liegt bei 17 Prozent. Von 750 Euro werden somit 127,50 Euro versteuert. Beim Steuersatz von 20 Prozent müssen 25,50 Euro Steuern abgeführt werden. Die Nettorente entspricht damit 724,50 Euro.

Zusammengefasst: 84 Euro zahlen (61 Euro ermäßigter Beitrag) und im BU-Fall 724,50 Euro Rente erhalten. Nun gut, einige werden nun monieren, dass der BU-Beitrag als Sonderausgabe abzugsfähig ist. Das möchten wir hier jedoch nicht genauer betrachten.

Sie werden nun wahrscheinlich vor lauter Zahlen keinen Überblick mehr haben. Zudem wird eine solche Darstellung den Kunden langweilen und er wird nach kurzer Erklärung abschalten. Hier genügt ein Griff in die Trickkiste:

1. Lassen Sie die Ertragsanteilsbesteuerung bei der privaten BU weg – diese belastet nur geringfügig die Renten.
2. Nehmen Sie nur den Fall der BUZ in der Betriebsrente.
3. Betrachten Sie diese in der Beitrags- und Rentenphase. Das machen Sie ohnehin, wenn Sie die bAV erklären.

Nun der Kniff für obigen Fall: Der Arbeitnehmer erhält voraussichtlich netto eine BU-Betriebsrente von 480 Euro. Berechnen Sie hierfür im Angebotsprogramm den Zahlbeitrag für diese Rente. Liegt diese über oder unter 38,33 Euro?

- Zahlbeitrag priv. BU > 38,33 Euro = Betriebliche BUZ-Lösung
- Zahlbeitrag priv. BU < 38,33 Euro = private BU-Lösung

Das ist nur die monetäre Sichtweise. Sie sollten sich hierzu noch folgende Fragen stellen: Reicht die BU-Rentenhöhe aus? Wohl weniger. Oben ist die Rede von nur 750 Euro BU-Rente, bei einem Bruttoeinkommen von 2.200 Euro. Jeder Berater würde diese zumindest auf das Nettoeinkommen erhöhen. Dann stellt sich jedoch die weitere Frage, wie hoch dann er BUZ-Beitrag bei der betrieblichen Lösung steigt. „Frisst“ der gesamte Beitrag der BUZ die vierprozentige BBG Möglichkeit zur Entgeltumwandlung auf? Bei zurzeit 216 Euro (Stand 2009) nimmt die „geringfügige“ BUZ schon 35 Prozent in Anspruch. 65 Prozent bleiben dann noch für die betriebliche Altersvorsorge. Wird die BUZ-Rente noch erhöht, verbleibt noch ein geringer Beitrag zur betrieblichen Vorsorgemöglichkeit fürs Alter.

Eine gute Mischung, aus betrieblicher und privater Möglichkeit, ist gefragt. Also mehrere Verträge? Was bringt es dem Arbeitnehmer, wenn er mehrere Verträge – betriebliche BUZ und private BU-Verträge – besitzt? Wohl nur Rennerei bei einem BU-Fall, sodass auch von allen Versicherungsgesellschaften die Renten gezahlt werden. Asset Allocation sollte hier nicht betrieben werden.

Alles klar?

Hinzu kommen Fragen aus dem „normalen“ Berufsleben:

1. Was ist mit der Betriebsrente bei einem Arbeitgeberwechsel?
2. Der Arbeitgeber bestimmt, mit welchen Anbietern er zusammenarbeitet. Welche Leistungskriterien weist die BU eines anderen Anbieters auf? Schlechtere oder bessere?
3. Eine betriebliche BUZ-Rente mal aus dem Blickwinkel des Arbeitgebers betrachtet – er ist Vertragspartner – dürfte im Leistungsfall einen hohen Verwaltungsaufwand verursachen. Wer zahlt?

Tipp:
Lassen Sie weitere Optionen bei der eigentlichen Betriebsrente weg. Besser wäre für das Unternehmen ein zusätzlicher Gruppenvertrag auf privater Basis für alle Arbeitnehmer. Demnach stellt das Unternehmen einen Anbieter und jetzt können die Mitarbeiter auf privater Seite von Sondertarifen und von den Vorteilen des Kontrahierungszwangs profitieren.

Beispiele:

1. private Krankenversicherung – Vollbeitrag ohne Firmengruppenvertrag und mit
2. private BU-Rente analog zu oben vergleichen

Die Option einer höheren Hinterbliebenenabsicherung möchte ich nicht pauschal wegdiskutieren. Jeder Einzelne von uns bestimmt in seiner jeweiligen Lebensphase, welche Absicherung er seiner Familie, seinem Partner oder Freunden zuteil kommen lassen möchte. Jedoch bedarf es hierbei keiner Sonder- oder Ausnahmeregelung. Moderne heutige Tarife von Versicherungsanbietern zum Beispiel sehen Hinterbliebenenvorsorge von bis zum 2000-Fachen der Betriebsrente vor. Die Frage, die lediglich zu beantworten gilt, ist: Was will ich, als Arbeitnehmer, mit einer Betriebsrente erreichen? Eine höchstmögliche Altersrente in Ergänzung zur gesetzlichen Rente oder eine höchstmögliche Absicherung meines Lebens für ...?

Barlohn oder Versorgungslohn

In meinen Gesprächen zum Jahreswechsel stelle ich den Chefs immer sehr gern die Frage: „Welche Gehaltserhöhungen stehen bei Ihnen im kommenden Jahr an?"

Müssen Sie jetzt auch leicht schmunzeln? Sie ahnen, wie vielfältig die Antworten daraufhin ausfallen. Dennoch müssen einige Branchen sich jedes Jahr erneut Gedanken machen, wie sie ihr Fachpersonal vor Mitbewunderern schützen können. Apotheken sind nahezu ein Paradebeispiel dafür. Seit längerem auch alle Ingenieurberufe. (s. Kapitel Demografie)

Auch gilt ein altbewährter Grundsatz. ZDF = Zahlen, Daten, Fakten schaffen, um zu verstehen:

BEISPIEL

Ein Arbeitnehmer (keine Kirchensteuerpflicht) mit jetzigem 2.399 Euro Bruttoeinkommen erhält eine Gehaltserhöhung (Barlohnerhöhung) um 101 Euro. Erst einmal freut sich der Arbeitnehmer. 101 Euro mehr, das ist doch schon etwas. Doch spätestens in seiner Gehaltsbescheinigung kommt der nüchternde Moment. Spricht man von 101 Euro Gehaltserhöhung, so sind diese erst einmal brutto gemeint.

Hier die Gehaltsbescheinigung vor und nach der Bruttogehaltserhöhung:

	vor Erhöhung	nach Erhöhung
Bruttolohn	2.399,00 €	2.500,00 €
– bAV-Beitrag	0,00 €	0,00 €
Bruttolohn nach bAV/VL	2.399,00 €	2.500,00 €
– Steuern	–366,75 €	–397,20 €
– Sozialabgaben	–485,20 €	–505,63 €
Summe der Abzüge	851,95 €	902,83 €
= Nettogehalt	1.547,05 €	1.597,17 €

Der magere Blick verdeutlicht: Über 50 Prozent der Gehaltserhöhung gehen als Abzüge ab. 50 Euro bleiben beim Arbeitnehmer „hängen".

Selbstverständlich kenne ich die Diskussion: „Ich benötige heute Geld, nicht erst später!" Nach solcher Aussage gehe ich charmant in die Offensive: „Sie bestimmen, Konsumverzicht heute oder morgen! Sie bestimmen auch, wer sich über Ihre Gehaltserhöhung heute freut!"

Kein Arbeitnehmer fragt laut, wer erhält meine fehlenden Gelder? Wo geht der Unterschied zwischen Brutto und Netto eigentlich hin?

Klarer Sieger einer Barlohnerhöhung sind demnach also unser Finanzminister, obwohl der noch nicht einmal etwas dafür kann, und die SV-Träger, sprich die Krankenkassen. Und alle gucken zu und entdecken nicht die Möglichkeiten.

Das ist dann Ihre Aufgabe: Aufklären und Möglichkeiten entwickeln! Gibt der Arbeitnehmer sich mit seinem vorigen Gehalt zufrieden und verzichtet auf die 50 Euro, so könnte er die volle Gehaltserhöhung per Entgeltumwandlung sparen – quasi als Versorgungslohn anstatt Barlohn. Auch der Arbeitgeber würde sich über eine solche Entscheidung freuen. Denn auch dieser zahlt rund 20 Euro monatlich mehr in die Sozialkassen.

Clevere Arbeitgeber versüßen dem Arbeitnehmer dann zusätzlich die Entgeltumwandlung, indem sie diese dem Arbeitnehmer bezuschussen. Es müssen nicht die vollen 20 Euro Mehranteil an der Sozialversicherung des Arbeitgebers sein. Schon 10 Euro sollten dankbar vom Arbeitnehmer entgegengenommen werden. Es wäre dann eine Versorgungslohnerhöhung. Und hier ist wieder der richtige Augenblick für Ihren BWK Business®.

Der Arbeitnehmer ist heute 30 Jahre jung und hat noch 37 Jahre bis zu seinem regulären Renteneintritt. Fließen seine 101 Euro plus 10 Euro Zuschuss des Arbeitgebers per Entgeltumwandlung in einen der Durchführungswege der betrieblichen Altersvorsorge, so können Sie ihm direkt das mögliche Kapital zu Rentenbeginn berechnen. Annahme ist ein Effektivzins des Durchführungswegs von 6 Prozent.

Eingabe	Displayanzeigen	Erklärung
12 P/YR	P/YR 12,00	Es wird monatlich gespart.
37 xP/YR	N 444,00	Bis zum regulären Renteneintritt sind es noch 37 Jahre.
6 EFF%	I/YR NOM% 5,84	Es wird ein Effektivzins von 6 Prozent erzielt.
0 PV	PV 0,00	Keine Einmalanlage zu Beginn.
111 +/- PMT	PMT -111,00	Monatliche Sparrate durch Entgeltumwandlung.
FV	FV 174.133,92	Berechnung des Vermögens bei Renteneintritt.

Lassen Sie alle Angaben in Ihrem BWK Business® gespeichert. Nennen Sie diese Zahl dem Arbeitnehmer, so sollte es Anreiz genug sein. Manche sehen jedoch noch nicht den Vorteil in dieser Summe. Legen Sie noch einen drauf. Berechnen Sie ihm eine Rente über 20 Jahre (also bis zu seinem 87. Lebensjahr) aus diesem Vermögen bei 3,5 Prozent effektiven Anlagezins.

Eingabe	Display-anzeigen	Erklärung
20 xP/YR	N 240,00	Verrentung über 20 Jahre.
3,5 EFF%	I/YR NOM% 3,45	Es wird ein Effektivzins von 3,5 Prozent erzielt.
RCL FV +/– PV	PV –174.133,92	Das Endvermögen der Sparzeit wird als Anfangsvermögen für die Rentenzeit gespeichert.
0 FV	FV 0,00	Nach 20 Jahren bleibt kein Kapital mehr zur Verfügung.
PMT	PMT 1.005,00	Berechnung der monatlichen Rente.

Ergebnis: Für den Arbeitnehmer wäre eine Rente von rund 1.000 Euro möglich. Selbstverständlich ist diese Rente noch von der dann aktuellen Sterbetafel abhängig. Zusätzlich wird diese Rente dann zu 100 Prozent versteuert und es fallen Kranken- und Pflegeversicherung darauf an. Nach Abzügen bleiben geschätzte 800 Euro übrig.

Die Frage an den Kunden ist jedoch: Möchtest Du heute 50 Euro mehr im Monat oder im Rentenalter eine monatliche Rente von rund 800 Euro? Ja, es ist knapp das 16-Fache, auch wenn die Inflation die Kaufkraft der Rente noch verringern wird.

Unser Tipp:

Setzen Sie für solche Berechnungen Ihren BWK Business® ein. Zeigen Sie so Ihre Rechen-Kompetenz. Bei geübten Fällen werden Sie schnell und locker einen solchen Fall innerhalb von einer halben Minute berechnen. Die Gesprächspartner Arbeitgeber und auch Arbeitnehmer werden begeistert sein. Sie sehen an nackten Zahlen den Vorteil eines Versorgungslohns.

Teil 3

Business-Kulinarität – ein Thema für sich

Oder „Was unterscheidet Sie von Brasilien?"

Ich kann einfach nicht anders. Ich genieße vor allem Gespräche, die richtig gut von Kaffee- oder Tee-Geruch eingerahmt werden. Egal, wie groß Unternehmen sind. Alle kommen ziemlich schnell den aktuellen Trends nach. Einen Latte Machiatto oder einen Milchkaffee oder doppelten Espresso oder oder anzubieten, bringt alle am Gespräch Beteiligten immer zu einem kleinen Schmunzeln. Wer hätte noch vor fünf oder sieben Jahren in Deutschland überhaupt diese italienischen und französischen Bezeichnungen so lässig über die Lippen gebracht? Heute sind Sie für mich schon allein das Gesprächsentree. Das Kaffeetrinkerland fängt schließlich im Büro an, wenn man so will. Da werden häufig die preiswerten Angebote genutzt. Aber bei den entsprechenden Zusatzmöglichkeiten wie eben erwähnt, spricht man inzwischen auf den Fluren über die Vorteile von fettarmer Milch beim Aufschäumen. Espressobohnen lieber gleich für Siebträger aufbereitet oder doch ganz als Bohne.

Über den Genuss führt der Gesprächspfad schnell zu den Lieblingshobbies, zu den favorisierten privaten Urlaubszielen oder zu den besten Gaststätten am jeweiligen Ort. Ich konnte mehrfach von den Empfehlungen in für mich fremden Städten profitieren. Habe dann mit so manch einem Wirt bis morgens um vier Uhr sehr angenehme Unterhaltungen geführt und wie es der Zufall will, auch so das eine oder andere über die Firma, mit der ich zusammenarbeiten wollte. Keine Angst! Es hat sich einfach so ergeben. Es war nicht mein Ziel über diesen Weg zu recherchieren. Aber zugegeben die Kombination von Genuss und Informationen macht das Arbeitsleben erst recht interessant.

Ich plädiere auch gern dafür, jeden Tag, wenn es nur irgendwie machbar ist, eine Stunde Mittagspause zu nutzen. Vor den Büros spielt das Leben, nicht nur innen drin. Wer bekommt schon mit, welche Gespräche in einem Buchladen geführt werden? Was in einem Kaffeehaus getuschelt wird? Welcher Wirt wieder neben den aktuellen Tageswitzeleien aus dem Radio die neuesten Stadtgespräche leicht ergänzen kann? Es müssen nicht immer die abendfüllenden und zeitraubenden „After Works" sein. Am Tage, am helllichten Tage, wird über dieses oder jenes philosophiert.

Bei Folgeterminen erinnere ich mich meist zuerst an die Büro- und Firmengebäude und an den Geruch. Seltsam. Schließlich stelle ich mir einfach die Frage, wem nützt das ganze Wissen unserer großen Verkaufsstrategen auf diesem Planeten, wenn dieses Wissen nur in Supermärkten oder Kaufhäusern umgesetzt wird? Wer berät eigentlich die überwiegend stupiden Bürokomplexe? Der Wasserspender hat es bereits fast überall hin geschafft. Aber wie sieht es mit angenehmen Düften für die Angestellten, Gäste oder gar Kunden aus? Die Fragen weiter gedacht, führen auch unweigerlich zu den Anzugsordnungen. Im Winter meist nur ein kleines Thema, aber die Sommermonate mit ihren Hitzeschwankungen oder drückenden schwülen Wetterlagen haben es mitunter echt in sich. Wer sagt eigentlich den Angestellten, welche konkreten Anforderungen auch hier quasi hinter dem Firmenlogo gestellt werden? Traut sich das überhaupt einer egal ob Chef oder Kollege? Oder wird wieder wie fast immer nur über Dritte getratscht und gelästert? Ich bin ganz klar für Duschmöglichkeiten in allen Betrieben, nicht nur für gewerblich tätige Mitarbeiter. Unsere Gesellschaft altert, wir stoßen an Leistungsgrenzen, dann ist es auch logisch, dass unsere Körper um 16:30 Uhr nicht mehr so angenehm frisch sind wie morgens um 08:00 Uhr. Einfach das Parfum drüber kann nicht die Lösung sein. Wie wundervoll wäre es, um 17:00 Uhr einen Besprechungsraum zu betreten, mit 4 Teilnehmern bei 28 Grad Celsius Außentemperatur und einer frischen Brise von Meer und Kafffeeduft. Stattdessen finde ich meist Herren ohne Jackett vor, mit aufgekrempelten Ärmeln und leicht transpirierenden Gesichtern. Kein Wunder, dass ich da auch mithalten möchte ...

Die Aufmerksamkeit gilt Ihnen, lieber Chef!

Es ist dieser eine Termin. Es ist heiß heute. Heute geht es nicht um Motivation der Angestellten, um Firmenidentifizierung oder um Einsparpotenziale. Heute geht es um viel mehr. Ich habe nur Zeit für ihn – den Chef!

Im Vorfeld habe ich schon so viel gehört. Er sei ein Alphatier. Heute so und morgen so. Hyperaktiv. Quirlig. Immer wieder neue Ideen. Kann nicht den Staffelstab übergeben. Hört Anderen auch mal zu und entscheidet dann doch wieder alles anders. OK, ich hatte mit mir ein Abkommen getroffen. Keine Vorurteile. Lass dich überraschen, du weißt gar nichts.

Die Tür geht auf. Wer von den 3 ist der Chef? Bloß nicht so gucken, als ob du es nicht weißt. Na klar, er fängt das Gespräch an. Hoffentlich traut sich das auch kein Anderer. Er ist vorbereitet und neugierig auf die Interpretation meinerseits zu den gesetzlichen Neuigkeiten, das ist gut. Aber was sollen denn seine Steuerberater heute schon? Kennt er sich selbst nicht aus? Nach so vielen Jahren undenkbar. Oder trifft er nie eine Entscheidung ohne seine engsten Berater? Ich werde es gleich wissen.

„Na, dann erzählen Sie mal. Wir sind schon sehr gespannt. Habe gehört, dass Sie die Frau des Nordens in dem Thema sein sollen. Ach ja und bitte kommen Sie schnell auf den Punkt, es war bereits ein anstrengender Tag für uns." Diese Worte jetzt so wiederzugeben erscheinen mir recht gelangweilt wirkend. Aber das ganze Gegenteil war der Fall. Die Augen des Chef`s blinzelten so spitzbübisch. Er fing mich damit ein und als Kind von der Küste liebe ich es gerade zu, nicht in umschweifenden Worten irgendwelche Gesetze erklären zu müssen. Ich fing so an:" Dann machen wir heute gleich Nägel mit Köpfen ..." Ich wollte noch mal Luft holen, da unterbrach er mich auch schon und sagte: „das gefällt mir, das wollte ich hören!" Unglaublich. Das kann ja heiter werden ... Ich ging direkt ins Thema, er hatte eine Pensionszusage in seinem Anstellungsvertrag einfließen lassen – wie clever – und stand nunmehr vor der Entscheidung, gehe ich dieses Jahr in Pension oder mache ich noch 1 bis 3 Jahre weiter? Daraufhin Modelle und Szenarien durchzuspielen ist für mich mehr als legitim und vor Allem nachvollziehbar. Ich war total verblüfft, er sieht überhaupt nicht wie ein 65 jähriger Unternehmer aus. In keinster Weise.

Er witzelte, zeigt sich agil und geistig fit, sprach von seinen aktuellen privaten Plänen und von seinen Sichtweisen zur wirtschaftlichen Veränderung in Deutschland. So frisch und locker wirkt ein gut 40jähriger manchmal nicht. Diese Generation wirkt oft viel zu früh ausgebrannt und grau.

Aber zurück zu seiner Pensionszusage. Sie war geschriebenes Wort und damit verbindlich für die Firma und ihn. Im Vorfeld zu diesem Termin habe ich bereits Unterlagen rund um die Pensionszusage erhalten.

Checkliste für eine bessere Transparenz zwischen Unternehmer und Berater rund um die Pensionszusage

- ☐ Überprüfung der Form und des Inhalts der Pensionszusage
- ☐ Überprüfung der Gesellschafterbeschlüsse und Nachträge zur Anpassung an die zwischenzeitlich geänderte Rechtslage
- ☐ Informationen über erdiente Anwartschaften zu anderen Versorgungen
- ☐ Überprüfung der Angemessenheit der zugesagten Versorgungsleistungen
- ☐ Überprüfung des Finanzierungsrahmens
- ☐ Überprüfung des vorhandenen Insolvenzschutzes durch ordnungsgemäßes Verpfänden und Anzeigen

Eine Pensionszusage besteht aus der eigentlichen Zusage in **schriftlicher Textform.** In dem Fall war der Chef ein beherrschender Gesellschafter-Geschäftsführer (GGF). Also lagen mir auch sämtliche **Gesellschafterbeschlüsse** vor. Angefangen von dem Beschluss zur Erteilung einer Zusage bis hin zu allen Änderungen, denen stets eine Beschlusssache des oder der Gesellschafter vorhergehen muss (sollte). Aktuelle *Gehaltsbescheinigungen* sind Pflicht, sonst kann ich nicht klar ersehen, ob die *Angemessenheit* plausibel ist. Bei Rückdeckungen von Zusagen mittels Versicherungen fordere ich die aktuellen Gutachten an, um die *Bilanzwerte* genau einzusehen und mit der relevanten Bilanz abzugleichen. Die Insolvenzsicherung dieser Zusage ist gerade zu in diesen Zeiten für die Versorgung des Chefs wesentlich. Zugegeben unbeliebt, weil ein reiner bürokratischer Vorgang. Einfach die Rückdeckungen an die Privatpersonverpfänden und diese Verpfändung schriftlich der zuständigen Gesellschaft für die Rückdeckung anzeigen.

BEISPIEL

Die Pfefferminzia AG hat die Rückdeckungsversicherung vorgenommen, also wird ein entsprechendes Verpfändungsformular dieser Gesellschaft unterzeichnet und die Anzeige der Verpfändung übersandt. Der Bestätigungsvermerk als Erhalt der Verpfändung sichert den Insolvenzfall. Kein Abenteuer. Nur Bürokratie. Aber wie wichtig weiß man nur im E-Fall! Übrigens empfehle ich einen Check der Pensionszusage alle drei bis fünf Jahre. Die Gesetzes- und Steueränderungen sind so schnelllebig und ab 2010 bereits mit drastischen Auswirkungen, wenn Sie diese Art Ihrer Vorsorge nicht mit dem nötigen Ernst versehen, dann ist Ihnen künftig nur noch Mitleid sicher.

Der GGF – Verantwortung auch für sich

Zu aller erst eine Bemerkung zu dieser offiziellen „Zwitterperson". In einer Person sowohl Arbeitgeber als auch Arbeitnehmer zu sein, wer möchte da nicht gern Mäuschen sein, wenn es um Gehaltserhöhungen geht oder um verpatzte Aufträge, zu denen Stellung genommen wird? Ob jeder GGF morgens und abends in den Spiegel schaut und mit sich ins „Gebet" geht? Na ja. Wir wollen mal Fünfe gerade sein lassen. Ganze Heerscharren beschäftigen sich mit dieser zwiespältigen Person. Wie die Geier schweben sie von Zeit zu Zeit über die Häupter unserer Verantwortlichen in der Wirtschaft. In diesem Kapitel geht es uns hauptsächlich – und Sie ahnen es förmlich – um die Altersversorgung. Eine der wichtigsten Säule der Altersvorsorge für GmbH-Geschäftsführer (Gesellschafter-Geschäftsführer) bildet die Pensionszusage. In der Vergangenheit war die Pensionszusage die heilige Kuh gerade mit Blick auf die steuermindernden Auswirkungen in der Bilanz.

Wie genau errechnete sich die Steuerminderung, ohne dass Liquidität aus dem Unternehmen fließen muss?

Pensionszusagen hatten in der Vergangenheit den Vorteil, dass je nach Ausgestaltung der Zusage sofort ein steuermindernder Aufwand entsteht. Dadurch kann es zu einem erheblichen Steuerstundungseffekt kommen, vorausgesetzt alle zahlreichen steuerlichen Fußangeln werden umgangen. Um einer vermeintlichen verdeckten Gewinnausschüttung zu entgehen, sollte der Fremdvergleich standhalten. Die Erdienbarkeit der Zusage ist stets bei Betriebsprüfungen relevant. Also der Zeitraum zwischen Erteilung der Zusage der Pension und dem voraussichtlichen Eintrittszeitpunkt sollte ausreichend zum Erarbeiten der Altersversorgung des Geschäftsführers sein.

Diese Form der Regelung der betrieblichen Altersvorsorge ist so komplex, dass ich nur die wichtigsten Merkmale darstellen möchte. Eigentlich wäre ein separates Buch notwendig, um sich ausführlich mit diesem Durchführungsweg zu beschäftigen.

Meist ging vor einer Pensionszusage die Prüfung des SV-Status voraus, dann trafen sich die Gesellschafter zur Beschlusssache und die Pension war geregelt. Das war's. Das ganze noch auf zwei Seiten schriftlich festgehalten, hier und da noch einige Aktualisierungen und Anpassungen an die Gehaltserhöhungen der letzten Jahre, fertig! Wunderbar!

Größere Versicherungsgesellschaften haben dann in den späten 1980-er und Anfang der 1990-er Jahre ihre Agenten ins Feld geschickt, um die Seminarkenntnisse von einem Tag gleich mal anzuwenden. Beinahe hätte ich doch glatt „auszuprobieren“ geschrieben. Getreu dem Motto: *„Die Risiken der Direktzusage sind die Argumente für die Rückdeckung“* oder *„Rückendeckung für die Rückdeckung“* wurde dann der GGF im Standard abgearbeitet.

Einverstanden! Die Risiken sollten wir wirklich der guten Ordnung halber noch einmal erwähnen, denn sie sind bei aller Liebe zu aktuellen Gesetzesänderungen geblieben und zusätzlich ohne weiteres zu tun umfangreicher geworden.

- Risiken der Direktzusage
  - Finanzierung der Altersrente
  - Finanzierung vorzeitiger Versorgungsfälle
  - Sozialverschuldung in der Bilanz
  - Probleme beim Firmenverkauf

- Auflösungsrisiko
- Auffüllungsrisiko
- Insolvenzrisiko

- Neue Risiken seit 2005:
  - Längere Lebenserwartung (neue Sterbetafeln nach 2005)
  - Rückläufige Rendite der Rückdeckungen in Kapitalwerten wie Versicherungen, Depotwerten
  - Höhere Rückstellungen ab 1.1.2010 nach BilMoG zwischen 30 und 60 Prozent

Jetzt ein Schnaps? Noch besteht kein Grund, denn die Risiken müssen ja nicht auf ihre Zusage hin bestehen. Aber Hand auf's Herz – und die Pensionszusage sehe ich als die Herzensangelegenheit eines GGF: Wer denkt gerade bei nachträglichen Zusageerhöhungen schon an Folgen? Der BFH hat mit Urteil vom 23.09.2008 entschieden, dass die Zehnjahresfrist nicht nur für Erstzusagen, sondern auch für nachträgliche Erhöhungen einer bereits erteilten Zusage gilt. Daher kann es im Einzelfall schon erforderlich sein, den Ruhestand hinauszuschieben, um ab dem Zeitpunkt der Pensionszusage noch auf die zehnjährige Erdienenszeit zu kommen. Einige GGF spielen wirklich mit dem Gedanken, ihre Pensionsleistungen später in Anspruch zu nehmen, fast passt es zur aktuellen Diskussion, die Rentenleistung an die Lebenserwartung zu koppeln. Aber Vorsicht! Bitte vorher genau die Pensionszusage lesen oder besser komplett analysieren lassen.

Die Refinanzierung dieser Zusage, eine Leistung, die die Firma zu erbringen hat, egal wie, wurde im folgenden Beispiel begleitet von Rückdeckungsversicherungen und Depotwerten. Ich habe auch viele Unternehmer kennen gelernt, die ihre Unternehmen als Rückdeckung und damit Finanzierung in der Rentenphase zu Grunde gelegt haben. Auf die Frage „Wie deckt Ihre Firma den Fall der Berufsunfähigkeit oder schlimmer die Leistungen an Ihren überlebenden Partner ab?“, war meist betretenes Schweigen entstanden. Ich möchte wirklich nicht die Chefs bloß stellen. Aber manchmal frage ich mich sehr ernsthaft, auf welcher Basis wurden Kontrakte unterzeichnet? Wer waren dann die Berater? Und wo sind sie heute? Ja, Versicherungen sind teuer und keine 100-prozentige Lösung für die Rückdeckungen, aber kein anderes Produkt dieser Welt sichert biometrische Risiken ab. Es ist nun mal ein Wettgeschäft dieses Versicherungsgeschäft. Ich behaupte, ich werde mit aller Wahrscheinlichkeit nach nicht „butzig", also nicht berufsunfähig. Die Versicherungen haben aufgrund der Statistiken errechnet, dass ich eventuell zu 85,75 Prozent eine Berufsunfähigkeitsrente berücksichtigen sollte. Aber was passiert mit meinem Unternehmen, wenn ich eigentlich mehr mit Reha-Maßnahmen beschäftigt bin, in einem solchen Fall? Und das ist noch die humane Betrachtung.

Folgendes Zitat inspiriert mich in so mancher Situation, in der Entscheidungen getroffen werden müssen:

> *„Geld allein macht nicht glücklich. Es gehören auch Aktien, Gold und Grundstücke dazu."*
> *(Quelle: nach Oscar Wilde)*

Eine Bitte an dieser Stelle an alle Chefs: Bitte nicht nur auf ein Pferd setzen oder gar eine tote Kuh reiten. Die Streuung war und ist immer noch die beste Kapitalanlage und wer, wenn nicht Sie haben die größten Bandbreiten der Streuung aufzuweisen:

- Unternehmensvermögen
- Immobilienvermögen
- Versicherungsleistungen
- Kapitalvermögen (zum Beispiel in Depotwerten)
- Depots in Edelmetallform, Gold bevorzugt

Darauf lässt sich doch gut eine Pension bauen.

Mit Blick auf die aktuellen Gesetze noch ein wichtiger Hinweis: Die Verwaltung hat das Finanzierungsendalter für Pensionszusagen an beherrschende GGF von 65 auf 67 Jahre erhöht.

- Geburtsjahrgänge bis 1952: Mindestfinanzierungsendalter 65;
- Geburtsjahrgänge 1953 bis 1961: Mindestfinanzierungsendalter 66
- Geburtsjahrgänge ab 1962: Mindestfinanzierungsendalter 67

Es gibt in Deutschland sehr gute Beratungsgesellschaften für die Analyse Ihrer Pensionszusage, für Empfehlungen, wie künftig mit dieser Zusage umgegangen werden sollte und welche Auswirkungen nach den neuesten Gesetzen ihr Firmenrating beeinflussen werden. Die Folgegespräche, die nach einer Analyse anstehen, empfehle ich mit Ihrem Steuerberater und/oder Wirtschaftsprüfer zu führen. Ich bin für eine ganz klare Aufgabentrennung zwischen Analytiker, Berater und Produktlieferanten/Vermittler. Jeder vertritt sein Themengebiet mit dem nötigen Engagement und nur alle Informationen können zu einer Entscheidung des Unternehmers führen. Nach meiner Erfahrung sind getrennt geführte Gespräche nicht unbedingt sinnvoll. Einer ist immer der Zuhörer, meist Sie, und soll dann alle Botschaften fachlich an den nächsten Gesprächspartner transferieren. Dann macht einer seinen Job nicht richtig und es entsteht eine Vielzahl von Missverständnissen und Nachtelefonaten und die Klärung wird nur verzerrt wahrgenommen. Nur Aufwand mit fehlendem Nutzen – das ist nicht effizient.

... MBO – Wer denkt für den angestellten Geschäftsführer?

Bevor wir in die Tiefen der Pensionszusage des GGF vordringen, möchte ich gern auf die Firmen eingehen, die nach MBO arbeiten.

Definition Management Buy out (MBO):

> *Der Begriff bezeichnet die Übernahme eines Unternehmens durch das im Unternehmen vorhandene Management.*

Diese Unternehmen leisten sich also in der Regel einen angestellten GF. Nun ja, was zeichnet einen angestellten GF aus? Neben der Fachkompetenz ist vor allem der 24-stündige Einsatz an nahezu 7 Tagen in der Woche fast Voraussetzung für einen solchen Job. Wer will das wirklich? Aber diese Personen sind die Seelen des Unternehmens. Mit ihnen steht und fällt die große Strategie des Unternehmers. Sie sind für alle operativen Entscheidungen der Ansprechpartner Nr. 1. Wer diesen Job (oder besser: dieser Berufung) nachgegangen ist oder nachgeht, weiß nur zu gut, wovon ich rede. Ob er in diesem Stress eigentlich neben seiner sofortigen Barentlohnung, an später denkt? An die Zeit der wohlverdienten Ruhephase? Wer bezahlt ihm diese wunderschöne Phase, in der er dann sieben Tage die Woche Zeit hat? Eine ganz neue Ressource: Zeit, die er bis dato nur zeitweise an den Wochenenden und in den knappen Urlaubstagen des Jahres bewusst erleben konnte. Meist ist der Partner und die gesamte Familie komplett auf Rücksicht programmiert. In der Regel scheint so etwas zu funktionieren. Der gegenwärtige Barlohn entschädigt schließlich auch für einige rücksichtsvolle Maßnahmen. Einige GF haben mir geradezu prompt deutlich gemacht, dass sie keinerlei betriebliche Altersvorsorge nutzen wollen. Schließlich ist die heutige Entschädigung in Form des GF-Gehaltes ausreichend für ihre eigenen privaten Vorsorgen aller Art.

Eingabe	Display-anzeigen	Erklärung
1 P/YR	P/YR 1,00	Einmalanlage bei jährlicher Verzinsung.
20 xP/YR	N 20,00	Anlage über 20 Jahre.
4 EFF%	I/YR NOM% 4,00	Anlagezins von 4 Prozent.
10 000 +/– PV	PV –10.000,00	Anlage von einmalig 10.000 Euro.
0 PMT	PMT 0,00	Keine regelmäßigen Zahlungen.
FV	FV 21.911,23	Berechnung des Endvermögens.
6 EFF%	I/YR NOM% 6,00	Änderung des Zinses auf 6 Prozent.
FV	FV 32.071,35	Berechnung des Endvermögens.
8 EFF%	I/YR NOM% 8,00	Änderung des Zinses auf 8 Prozent.
FV	FV 46.609,57	Berechnung des Endvermögens.

Nur damit ich das richtig verstehe. Ich unterhalte mich mit Managern, die meist Verantwortung und Kompetenzen in vielen finanziellen Angelegenheiten zu tragen haben. Es wird um die Nachkommastelle des Firmenkredites gefeilscht. Geldanlagen werden nur mit entsprechender

Rendite auf die Finanzhäuser verteilt. Jetzt höre ich, dass dieser Geschäftsführer nach Steuern, aus seinem Nettogehalt, seine Vorsorgen bestreitet. Verstehe einer die Welt!

Lassen Sie uns zusammen nochmals verschiedene Renditebetrachtungen anstellen: Die meisten Geschäftsführer haben Abzüge auf das Bruttogehalt von rund 40 Prozent. Nehmen wir an, jemand legt einmalig 10.000 Euro aus seinem Nettoentgelt bei 4, 6 und 8 Prozent über 20 Jahre an (vgl. Tabelle auf Seite 108).

Lassen Sie alle Angaben im BWK Business® gespeichert. Nun gibt es einen anderen Geschäftsführer, der den Betrag aus seinem Bruttoentgelt spart. Er kann 16.666 Euro sparen, um nach Abzug von 40 Prozent 10.000 Euro netto weniger zu haben. Obige Rechnung erfolgt nun noch einmal bei einem Anlagebetrag von 16.666 Euro.

Eingabe	Display-anzeigen	Erklärung
4 EFF%	I/YR NOM% 4,00	Anlagezins von 4 Prozent.
16 666 +/– PV	PV –16.666,00	Anlage von 16.666 Euro.
FV	FV 36.517,26	Berechnung des Endvermögens.
6 EFF%	I/YR NOM% 6,00	Änderung des Zinses auf 6 Prozent.
FV	FV 53.450,12	Berechnung des Endvermögens.
8 EFF%	I/YR NOM% 8,00	Änderung des Zinses auf 8 Prozent.
FV	FV 77.679,51	Berechnung des Endvermögens.

Hier die Gegenüberstellung:

Zins	Anlageergebnis aus Nettoeinkommen	Anlageergebnis aus Brutto-einkommen	Differenz
4 %	21.900 €	36.500 €	14.600 €
6 %	32.000 €	53.400 €	21.400 €
8 %	46.600 €	77.700 €	31.100 €

Nun werden einige von Ihnen monieren. „Ha, aber wenn aus dem Bruttoeinkommen gespart wird, wird nachgelagert besteuert. Dann bleibt weniger übrig." In Ordnung: Ziehen wir 40 Prozent wiederum von dem Ergebnis, zum Beispiel von 36.500 Euro, ab, so bleibt noch das Vermögen von 21.900 Euro, welches der Nettoanlage entspricht.

Nun aber die Frage zurück an Sie: Werden heutzutage nicht auch die Anlagen aus Nettoeinkommen bei Auszahlung besteuert? Zudem: Kann man nicht davon ausgehen, dass im Rentenalter ein geringerer Steuersatz anfällt? Ich hoffe, Sie machen solche kleinen Zahlenbeispiele mit den Geschäftsführern. Sie sind schnell gemacht und der Vorteil sollte auch einem Geschäftsführer einleuchten.

Um das Thema rund zu machen, sollten wir genauso regelmäßige Sparraten erfassen, die aus dem Brutto- bzw. Nettoentgelt gespart werden. Im Folgenden Beispiel spart jemand 10.000 Euro jährlich aus dem Nettoeinkommen. Es gelten wiederum die Annahmen von 20 Jahren Spardauer und 4, 6 und 8 Prozent Zins.

Eingabe	Display-anzeigen	Erklärung
1 P/YR	P/YR 1,00	Jährliche Investition bei jährlicher Verzinsung.
20 xP/YR	N 20,00	Anlage über 20 Jahre.
4 EFF%	I/YR NOM% 4,00	Anlagezins von 4 Prozent.
0 PV	PV 0,00	Keine Einmalanlage zu Beginn.
10 000 +/– PMT	PMT –10.000,00	Jährliche Zahlungen von 10.000 Euro.
FV	FV 297.780,79	Berechnung des Endvermögens.
6 EFF%	I/YR NOM% 6,00	Änderung des Zinses auf 6 Prozent.
FV	FV 367.855,91	Berechnung des Endvermögens.
8 EFF%	I/YR NOM% 8,00	Änderung des Zinses auf 8 Prozent.
FV	FV 457.619,64	Berechnung des Endvermögens.

Ein anderer Geschäftsführer zahlt wiederum die 16.666 Euro aus seinem Bruttoeinkommen in die Anlageform. Welches Vermögen erreicht er?

Eingabe	Display-anzeigen	Erklärung
4 EFF%	I/YR NOM% 4,00	Anlagezins von 4 Prozent.
16 666 +/– PMT	PMT –16.666,00	Jährliche Investition von 16.666 Euro.
FV	FV 496.281,46	Berechnung des Endvermögens.
6 EFF%	I/YR NOM% 6,00	Änderung des Zinses auf 6 Prozent.
FV	FV 613.068,66	Berechnung des Endvermögens.
8 EFF%	I/YR NOM% 8,00	Änderung des Zinses auf 8 Prozent.
FV	FV 762.668,90	Berechnung des Endvermögens.

Und wiederum die Gegenüberstellung bei regelmäßigem Sparen:

Zins	Anlageergebnis aus Nettoeinkommen	Anlageergebnis aus Brutto-einkommen	Differenz
4 %	298.000 €	496.000 €	198.000 €
6 %	368.000 €	613.000 €	245.000 €
8 %	458.000 €	763.000 €	305.000 €

Auch hier ziehen wir wiederum vom Anlageergebnis aus Bruttoeinkommen angenommene 40 Prozent Steuern ab. Auch hier das gleiche Ergebnis. Beispielsweise 496.000 Euro ergeben nach 40-prozentigem Abzug wiederum 298.000 Euro.

Auch hier vielleicht der nette Hinweis an den Geschäftsführer: Zeig mir eine Anlage, in die du aus dem Nettoeinkommen einzahlst und die steuerfrei ist. Sicherlich gibt es Schiffsfonds, in die investiert werden kann und nahezu steuerfreie Gewinne ausschütten. Sind solche Anlagen jedoch sicher und für die Altersvorsorge geeignet? Darüber wird man sicherlich keine lange Diskussion führen (müssen).

Bei aller Bescheidenheit des angestellten Geschäftsführers: Von fünf möglichen Durchführungswegen in der betrieblichen Altersversorgung empfehle ich neben der Barlohnzahlung den Vorsorgelohn. Dieser arbeitgeberfinanzierte Anteil kann berufsbegleitend aufgebaut werden und wenn möglich weitestgehend bilanzneutral:

1. Junger GF oder neu rekrutierter GF in der Beweisphase

Pensionskasse/neue Direktversicherung:
- 4 Prozent der BBG, also 216 € pro Monat
- keine separate Insolvenzsicherung erforderlich
- GF 35 Jahre jung

Eingabe	Display-anzeigen	Erklärung
12 P/YR	P/YR 12,00	Es wird monatlich gespart.
30 xP/YR	N 360,00	Bis zum 65. Lebensjahr verbleiben dem GF 30 Jahre.
3 EFF%	I/YR NOM% 2,96	Der angenommene Effektivzins entspricht 3 Prozent.
0 PV	PV 0,00	Keine Einmalzahlung zu Beginn.
216 +/– PMT	PMT –216,00	Monatliche Sparrate von 216 Euro.
FV	FV 125.002,02	Berechnung des Endvermögens.

Lassen Sie alle Berechnungen im BWK Business® gespeichert. Einige von Ihnen werden nun monieren, dass „lediglich“ 3 Prozent Rendite angenommen wurden. Um in einer Präsentation oder in einem Gespräch zu „glänzen“, sollte man ebenso Zinssätze von 5 und 7 Prozent betrachten. Das ist in einem Schritt im BWK Business® geändert.

Eingabe	**Display-anzeigen**	**Erklärung**
5 EFF%	**I/YR NOM% 4,89**	Effektivzins von 5 Prozent.
FV	**FV 176.121,20**	Berechnung des Endvermögens bei einem Zins von 5 Prozent.
7 EFF%	**I/YR NOM% 6,78**	Effektivzins von 7 Prozent.
FV	**FV 252.601,76**	Berechnung des Endvermögens bei einem Zins von 7 Prozent.

Hier die oben ermittelten Endvermögen der Pensionskasse/neue Direktversicherung bei einem Endalter des Geschäftsführers von 65 Jahren:

Anlagezins:	3 % p.a.	5 % p.a.	7 % p.a.
Vermögen:	125.000 €	176.000 €	252.000 €

Aus diesen Vermögen sind nun Rentenauszahlungen möglich. Wichtig in diesem Fall ist, dass die Renten zu 100 Prozent versteuert werden. Sofern der Geschäftsführer nicht privat versichert ist, fallen hierauf noch Kranken- und Pflegeversicherungsbeiträge von 16 Prozent an.

Nun noch weitere Durchführungswege bzw. weitere Möglichkeiten für die Altersvorsorge des Geschäftsführers vorzusorgen:

2. Nach 5 Jahren Bestätigung im Job

Unterstützungskasse

Hat es der Geschäftsführer geschafft, den Job erfolgreich 5 Jahre zu erledigen, kann er weiter vorsorgen, mittels Unterstützungskasse. Wichtig ist hier zu sehen, wie Ihr Beraterwissen und Ihre Unterstützung erfolgen muss. Aus diesem Grund raten wir, regelmäßig Kontakt zu halten und über weitere Möglichkeiten aufzuklären.

Rein in die Berechnung mittels BWK Business®. Bis zum Rentenalter hat der Geschäftsführer noch 25 Jahre. Der Versorgungslohn in der Unterstützungskasse liegt in der Regel bei monatlich 400 bis 800 Euro zur Ergänzung der Einsteiger-bAV aus Schritt 1. Der Geschäftsführer in unserem Fall rechnet mit 600 Euro monatlich. Sie stellen wiederum drei Fälle für die Hochrechnung auf.

Eingabe	Display-anzeigen	Erklärung
12 P/YR	P/YR 12,00	Es wird monatlich gespart.
25 xP/YR	N 300,00	Bis zum Rentenalter könnte der Geschäftsführer noch 25 Jahre sparen.
3 EFF%	I/YR NOM% 2,96	Prognostizierter Zins von 3 Prozent.
0 PV	PV 0,00	Keine Einmalzahlung zu Beginn.
600 +/– PMT	PMT –600,00	Monatlich werden 600 Euro gespart.
FV	FV 266.096,91	Berechnung des Endvermögens.

Lassen Sie wiederum alle Angaben in Ihrem BWK Business® gespeichert. Für die weiteren Zinsänderungen auf 5 und 7 Prozent benötigen Sie lediglich eine Änderung im Rechner.

Eingabe	Display-anzeigen	Erklärung
5 EFF%	I/YR NOM% 4,89	Änderung des prognostizierten Zinssatzes auf 5 Prozent.
FV	FV 351.440,71	Berechnung des Endvermögens bei 5 Prozent Zins.
7 EFF%	I/YR NOM% 6,78	Änderung des prognostizierten Zins auf 7 Prozent.
FV	FV 469.825,13	Berechnung des Endvermögens.

Nun die Ergebnisse aus der Unterstützungskasse zusammengefasst, die der Geschäftsführer mit dem 65. Lebensjahr erreichen könnte.

Anlagezins:	3 % p.a.	5 % p.a.	7 % p.a.
Vermögen:	266.000 €	351.000 €	470.000 €

Hier gilt: Dieses Vermögen könnte er sich direkt einmalig auszahlen lassen – ein Vorteil gegenüber Schritt eins, da er damit weiter in seinem Renten-Portfolio streuen kann. Denn wie ist die Wirklichkeit zu Rentenbeginn? Freuen sich Rentner lediglich über Renten? Nein. Ein nett ausgewählter Mix aus Einmalkapital und Renten hat noch niemandem geschadet. Doch damit nicht genug. Es gibt noch eine weitere Möglichkeit für den Geschäftsführer. Sie werden es geahnt haben: die Direktzusage.

Tantiemenumwandlung und Rentenpläne mittels Direktzusage („Deferred Compensation")

Wer hätte sie nicht gern? Eine Pensionsregelung, die sich am Beitrag orientiert. Zinsgarantien ja, aber variabel anpassbar an die Zeit. Eine Absicherung der Wechselfälle des Lebens. Im Fachjargon auch Absicherung der biometrischen Risiken genannt – wie unromantisch, aber zugleich unumgänglich, wie aktuelle Statistiken beweisen. Für die Rentenzeit dann Sparpläne mit Verrentungen zu aktuellen Konditionen und Einrechnung der Rentenanpassungen. Und zusätzlich können noch freiwillig flexible gezahlte Entgeltbeträge eingebracht werden? Das erfordert ein Risiko- und Finanzmanagement in der bAV? Nein! Das Zauberwort hierfür ist die *beitragsorientierte Leistungszusage*! (kurz: BOLZ)

Auch wenn dieser Durchführungsweg Bilanzberührung aufweist, so ist der Ausgleich zwischen Aktiva und Passiva vorhanden. Denn allein auf das Ausrichten von Beiträgen wird die Zusage gefertigt. Alle Risiken einer klassischen Pensionszusage, die von einer Leistung im eigentlichen Sinne ausgehen, werden nunmehr auf die Höhe des Beitrages ausgerichtet. Der Firmenbeitrag und/oder der zusätzliche Entgeltbetrag werden in den Hochrechnungen anhand von Zinssätzen (Garantiezinssatz und Überschuss) die spätere Rentenversorgung darstellen.

Diese Art der Altersversorgung über die Firma ist somit auch äußerst transparent, sowohl für den Arbeitgeber als auch den Arbeitnehmer. Jährliche Informationen zum „Versorgungskonto" in der privaten Post zu erhalten, ist für den Arbeitnehmer nicht nur Motivation. Der Faktor Sicherheit wird von Jahr zu Jahr größer. Bei den Mitarbeiterumfragen sollte – soweit dieser Durchführungsweg integriert ist – genau dieser Aspekt nachgehalten werden. Die bAV insgesamt sollte meines Erachtens bei Umfragen im eigenen Haus nie zu kurz kommen. Der beste Loyalitätsbeweis ist schon immer eine gute Versorgung gewesen. Früher in Form von Lebensmitteln, heute in puncto Rente. Für den Unternehmer entstehen mittels dieser Zusagen höhere Planungssicherheiten. Die individuelle und flexible Planung des eigenen Renteneintritts und damit in der gesamten Zeit des Ansparens die enorm hohe Eigenverantwortung zeichnet diesen Weg in der bAV aus.

Lassen Sie uns gemeinsam rechnen:

BEISPIEL

Das Geschäft boomt. Der Geschäftsführer erhält in den nächsten 12 Jahren Tantiemen von 15.000 Euro, die er einer Direktzusage zuführt. Danach lässt er sich weiter Tantiemen direkt auszahlen und die angelaufenen Zusagen über weitere 13 Jahre weiter verzinsen. Auch hier sollten Sie unterschiedliche Rechnungszinsen von 3, 5 und 7 Prozent beachten und hochzinsen.

3 Prozent Zins:

Eingabe	Display-anzeigen	Erklärung
1 P/YR	P/YR 1,00	Jährliche Einzahlungen der Tantiemen.
12 xP/YR	N 12,00	Die Tantiemen werden über 12 Jahre gezahlt.
3 EFF%	I/YR NOM% 3,00	Prognostizierter Zins von 3 Prozent.
0 PV	PV 0,00	Keine Einmalanlage zu Beginn.
15 000 +/– PMT	PMT –15.000,00	Zuführen von 15.000 Euro jährlich.
FV	FV 212.880,44	Berechnung des Anspruchs nach 12 Jahren.
+/– PV	PV –212.880,44	Wiederanlage des aufgelaufenen Vermögens als Anfangsvermögens für die kommenden 13 Jahre.
13 xP/YR	N 13,00	Weitere 13 Jahre bis zum Rentenalter.
0 PMT	PMT 0,00	Keine weiteren Tantiemen-Einzahlungen.
FV	FV 312.622,11	Berechnung des Endvermögens.

Test: Aus Platzgründen zeigen wir die Berechnungen für einen Rechnungszins von 5 und 7 Prozent nicht auf. Versuchen Sie sich selbst. Versuchen Sie, nicht auf obige Lösung zu schauen.

Hier nun die Ergebnisse für die unterschiedlichen Rechnungszinsen:

Anlagezins:	3 % p.a.	5 % p.a.	7 % p.a.
Vermögen:	313.000 €	450.000 €	647.000 €

Hier gilt: Zeigen Sie dem Geschäftsführer direkt bei Beginn seines Postens diese Vermögen, so wird er sich vielleicht nur für den ersten Schritt, also die Renten aus Pensionskasse/Direktversicherung entscheiden. Doch nach einigen Jahren sieht für den Herrn Geschäftsführer die Welt ganz anders aus. Vor allem, wenn das Geschäft erfolgreich ist. Plötzlich steht mehr Geld zur Verfügung, an das er sich schnell gewöhnt. Fließt dann später nur noch eine geringere Rente, muss er im Rentenalter verzichten und kommt nur schwer mit der neuen Lage zurecht. Bevor er dann wiederum private Altersvorsorgeverträge aus seinem Nettolohn bestreitet, sollten Sie ihm weitere Lösungen aufzeigen.

Wir haben nun mehrere Vermögen zu seinem 65. Lebensjahr berechnet. Drei Wege, um aus seinem Bruttolohn das meiste herauszuholen. Hier die Gesamtergebnisse bei den verschiedenen Rechnungszinsen, die auch untereinander variieren können:

	3 % p.a.	5 % p.a.	7 % p.a.
1. Direktversicherung/ Pensionskasse	125.000 €	176.000 €	252.000 €
2. Unterstützungskasse	266.000 €	351.000 €	470.000 €
3. Direktzusage	313.000 €	450.000 €	647.000 €
Gesamtvermögen	**704.000 €**	**977.000 €**	**1.369.000 €**

Für die Punkte 2. und 3. ist es nach dem aktuellen Gesetz möglich, nach der Fünftel-Methode die Kapitalerträge zum Ende der Vertragslaufzeit zu versteuern. Die Versteuerung der Fünftel-Methode sollte von einem Steuerberater vorgenommen werden.

Kleiner Tipp noch zum Schluss:
Sparen Sie nicht immer nur auf ein Endalter! Setzen Sie sich Optionen mit versetzten Vertragsendlaufzeiten, beispielsweise 60 Jahre, 63 Jahre und 65 Jahre oder, für die mit den guten Genen, auf 67 Jahre.

Exkurs Pensionssicherungsverein (PSV)

Im vorigen Beispiel sind wir auf die zwei Durchführungswege Unterstützungskasse und Direktzusagen eingegangen. Für diese Formen hat der Arbeitgeber Beiträge an den PSV abzuführen, um gegen den Insolvenzfall die angesparten Gelder zu sichern.

Welche Durchführungswege sind über den PSV abgesichert? (Quelle: PSV www.psvag.de):

- unmittelbare Versorgungszusage (§ 1 Abs. 1 i.V.m. §7 Abs. 1, 2 BetrAVG)
- Direktversicherung (§ 1b Abs. 2 i. V. m. §7 Abs. 1, 2 BetrAVG); soweit ein widerrufliches Bezugsrecht besteht oder bei unwiderruflichem Bezugsrecht die Ansprüche abgetreten, verpfändet oder beliehen sind – Ausnahmefall.
- Unterstützungskasse (§ 1b Abs. 4 i. V. m. § 7 Abs. 1, 2 BetrAVG)
- Pensionsfonds (§ 1b Abs. 3 i. V. m. § 7 Abs. 1, 2 BetrAVG)

Bedeutet: Wenn die Ansprüche für den Rentenempfänger durch eine Insolvenz des Arbeitgebers gefährdet sind, springt der PSV ein. Zurzeit, in der Konjunkturflaute im Jahre 2009, kommt der sogenannte „Pleitegeier" bei vielen Firmen zu Besuch. So war es bei Arcandor Mitte 2009. Was passiert dann mit den Pensionszusagen an die Angestellten? Richtig, der PSV springt für diese ein. Bei Arcandor sind das mal eben mehr als eine Milliarde Euro. Doch irgendjemand muss auch für den PSV geradestehen. Das sind die Mitglieder, zurzeit mehr als 70.000. Jedes Unternehmen, das einen der Durchführungswege betreibt, muss Beiträge zum Pensionssicherungsverein leisten. Aus diesem Topf werden dann im Notfall (Insolvenzfall eines Mitglieds) die Renten gezahlt. Dieses Szenario läuft wie folgt ab: Der PSV kauft per Einmalbeitrag für den Bezugsempfänger eine Lebensversicherung, welche die Renten übernimmt. Es erfolgt also lediglich im Jahr der Insolvenz. Spätere Verpflichtungen hat der PSV nicht mehr.

Das heißt jedoch wiederum auch, dass die jeweiligen flüssigen Mitglieder im Jahr vieler Insolvenzen tief in die Tasche greifen müssen, da der Beitragssatz des PSV aufgrund der Insolvenzen stark ansteigt.

PSV-Beitragssatz steigt voraussichtlich auf historischen Höchststand

Zunehmende Attraktivität des Durchführungswegs Pensionsfonds

Der Pensions-Sicherungs-Verein aG (PSV) hat eine deutliche Erhöhung des Beitrags für 2010 angekündigt. Der Grund hierfür liegt in den umfangreichen Schadensfällen im ersten Halbjahr 2009. Aktuell beträgt der Beitragssatz noch 1,8 Promille. Der PSV hält eine Steigerung auf 13,5 Promille für möglich. Damit wird die Insolvenzsicherung für die Unternehmen mit einer insolvenzsicherungspflichtigen betrieblichen Altersversorgung exorbitant teurer. Bisher lag der historische Höchstsatz bei 6,9 Promille im Jahr 1982.

Über die Festsetzung des Beitragssatzes wird Anfang November entschieden.

Zum Hintergrund

Der PSV sichert betriebliche Altersversorgung von Arbeitnehmern für den Fall der Insolvenz deren Arbeitgeber. In die Insolvenzsicherungspflicht mit einbezogen sind die Durchführungswege Direktzusage, Unterstützungskasse, Pensionsfonds und in Ausnahmefällen Direktversicherung.

Der PSV ermittelt den Beitragssatz entsprechend der in einem Jahr aufgrund von Schadensfällen zu übernehmenden betrieblichen Pensionsverpflichtungen. Treten in einem Jahr viele Unternehmensinsolvenzen auf, ist der Beitragssatz hoch, gehen wenig Unternehmen in die Insolvenz, ist er niedrig.

Eine Steigerung von 1,8 auf vielleicht 13,5 Promille würde die Beiträge der Unternehmer an den Pensions-Sicherungs-Verein extrem erhöhen. Eine solch hohe Beitragserhöhung könnte für Unternehmer mit Durchführungsweg Direktzusage ein Grund sein, über einen Wechsel zum Durchführungsweg Pensionsfonds nachzudenken, denn beim Pensionsfonds ist der PSV-Beitrag 80 Prozent niedriger als beim Durchführungsweg Direktzusage.

BEISPIEL

Ein Unternehmen mit Pensionsrückstellungen in Höhe von 200.000 Euro für laufende Rentner in der Steuerbilanz zahlt aktuell beim Beitragssatz von 1,8 Promille, also 360 Euro als jährlichen Beitrag zum PSV. Würde sich der Beitrag auf 13,5 Promille erhöhen, ergeben sich bei selbiger Bemessungsgrundlage 2.700 Euro. Beim Durchführungsweg Pensionsfonds würde der Beitrag für diese Versorgung nur 540 Euro betragen.

Insbesondere für Firmen mit hohen Pensionsrückstellungen, bei denen sich in absoluten Beträgen die Erhöhung des Beitragssatzes zum PSV besonders gravierend auswirkt, dürfte die Attraktivität des Pensionsfonds als Durchführungsweg steigen.

Der Pensionsfonds bietet neben dem geringeren Beitrag zum PSV noch weitere Vorteile: So können durch den Wechsel zum Pensionsfonds die Pensionsrückstellungen mit steuerlicher Flankierung aus der Bilanz beseitigt werden. Weiter bietet der Pensionsfonds grundsätzlich verschiedene Varianten der Auslagerung an, so dass den jeweiligen Bedürfnissen von Unternehmen Rechnung getragen werden kann.

Was bedeutet es für Arbeitnehmer, wenn der PSV einspringt?

1. Vorteil: Er braucht sich grundsätzlich keine Sorgen über seine Betriebsrente zu machen. Das System des PSV hat sich über viele Jahre bewährt und hat schon mehreren Pensionären geholfen.
2. Nachteil: Seine Betriebsrente könnte nicht mehr ansteigen. Der Arbeitgeber ist verpflichtet, mindestens alle drei Jahre die Betriebsrente zu prüfen und an die Inflation anzupassen. Dazu ist der PSV jedoch nicht verpflichtet. Seine Rente könnte also nie mehr steigen, wie vielleicht vorher berechnet.
3. Nachteil: Der PSV zahlt nur rückwirkend für 6 Monate. Liegt der Insolvenzfall länger zurück, kann es passieren, dass weder Arbeitgeber noch PSV zahlen. Für einige Monate könnte also keine Rente fließen.

4. Nachteil: Der PSV zahlt „lediglich“ das Dreifache des Durchschnittseinkommens für rentenversicherungspflichtige Arbeitnehmer. Zurzeit würde der PSV für nicht mehr als 7.500 Euro monatliche Rente zahlen. Ist das wirklich ein Problem? Nein, reiner Luxus.

Sie sollten zumindest Unternehmen auf höhere Beiträge in konjunkturell schwachen Zeiten einstellen. Gerade wenn das Geld selber im Unternehmen fehlt, steigen die Kosten. Dem sollte vorgesorgt werden – alternativ über den Durchführungsweg Pensionsfonds.

Radikale Bilanzreform – BilMoG

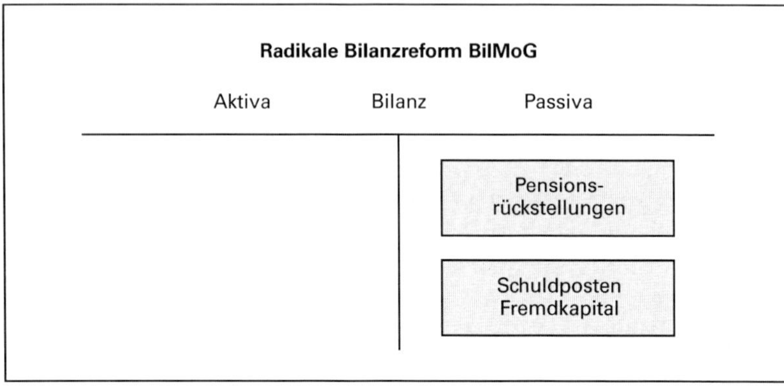

Zugegeben sensible Themen werden in der Realität oft mehr als schroff behandelt. Nicht wenige Male hörte ich in den Gesprächen die Aussage: *„Die Finanzierungskosten und die Bilanzauswirkungen für die kommenden Jahre sind uns bekannt. Wir haben alles im Griff!"* Ich guckte darauf hin meist mit großen Kulleraugen zurück und verkniff es mir, meine Gedanken laut auszusprechen. Auch wenn es hart war. Heute werden wir bestimmt ins Gespräch kommen, denn das BilMoG ist durch – der Deutsche Bundestag und Bundesrat haben am 28.05.2009 das Gesetz zur Modernisierung des Bilanzrechts (BilMoG)verkündet und damit ist es am 29.05.2009 in Kraft getreten. Die umfassendste Reform des deutschen Handelsgesetzbuchs seit mehr als 20 Jahren betrifft alle Mittelständler genauso wie kapitalmarktorientierte Unternehmen.

Neben Buchführungserleichterung und Kostensenkung zugunsten kleinerer und mittlerer Unternehmen, Annäherung des HGB an internationale Bilanzvorschriften stand auch die realistischere Darstellung der Vermögens-, Finanz- und Ertragslage auf der Modernisierungsagenda.

Übersicht zu den neuen Schwellenwerten, damit wird die Bezeichnung kleines bis großes Unternehmen transparenter:

	Kleine GmbH	Mittlere GmbH	Große GmbH
Bilanzsumme in T€	Bis 4.840	Bis 19.250	Über 19.250
Umsatzerlöse in T€	Bis 9.680	Bis 38.500	Über 38.500
Arbeitnehmer	Bis 50	Bis 250	Über 250

Neue Ansatzpunkte ergeben sich unter anderem durch die erhebliche Änderung der Rückstellungsbewertungen, da diese vor allem im Hinblick auf künftige Pensionsverpflichtungen mit einem niedrigeren Zinssatz abgezinst werden. Die dadurch noch höheren Unterdeckungen der eingegangenen Pensionsverpflichtungen werden zukünftig bilanziell aufgedeckt und führen unweigerlich zu höheren Rückstellungen. Hier können und müssen wir als Berater unserem Unternehmer Handlungsalternativen aufzeigen.

Das Auslagern der erdienten Anwartschaften, also der bereits in die Rentenzeit eingetretenen Arbeitnehmerschaft, kostet echtes Geld – das ist die traurige Nachricht. Damit ist für viele Unternehmen dieses Thema auch schon erledigt. In diesen Zeiten echte Liquidität für bereits erdiente Pensionszusagen aufzubringen, will gut und länger überlegt sein. Am besten, wir warten das mal ab. Vielleicht ändert sich ja noch dieses Gesetz – BilMoG genannt. Das können die doch nicht ernsthaft machen. Typische Problemverdränger! Aber Aussagen von Finanzleuten in Unternehmen! Was heißt denn abwarten?

Fassen wir noch mal die Fakten zusammen: Heute sind die Rückstellungen nach § 6a in den Bilanzen mit einem Zinssatz von 6 Prozent p.a. nach den Heubeckschen Richttafeln gebildet. Nach BilMoG wird der Erfüllungsbetrag gemäß § 253 HGB rückgestellt, dahinter steht ein heutiger Diskontsatz von 4,5 Prozent p.a., der sich nach einem Durchschnittszinssatz über einen Zeitraum von 7 Jahren ermittelt und von der Deutschen Bundesbank veröffentlicht wird. Meiner Meinung nach fallen die Zinssätze gerade rapide. Das hat doch dann zur Konsequenz, dass auch der Zinssatz von 4,5 Prozent p.a. spätestens in drei bis fünf Jahren angepasst wird und keinesfalls höher als 4,5 Prozent p. a. ausfallen kann. Das heißt, wer wartet, hat zu über 50 Prozent die Wahrscheinlichkeit gebucht, dass die spätere oder aufgeschobene Auslagerung der Zusage noch mehr bares Geld kosten wird.

Lassen Sie uns einfach mal wieder an dieser Stelle rechnen:

BEISPIEL

Heutige Pensionsrückstellungen sind in der Bilanz mit 100.000 Euro angesetzt. Die Rückstellung wird in 20 Jahren Schritt für Schritt aufgelöst.

Schritt 1: Ermittlung der Pensionsverpflichtungen in 20 Jahren beim heutigen Rückstellungszins von 6 Prozent:

Eingabe	Display-anzeigen	Erklärung
1 P/YR	P/YR 1,00	Jährliche Betrachtung/Verzinsung.
20 xP/YR	N 20,00	Bis zur Auflösung der Rückstellung vergehen noch 20 Jahre.
6 EFF%	I/YR NOM% 6,00	Rückstellungszins von 6 Prozent.
100 000 +/– PV	PV –100.000,00	Heutige Rückstellung von 100.000 Euro.
0 PMT	PMT 0,00	Keine weiteren Zuführungen in dieser Berechnung.
FV	FV 320.713,55	Berechnung der Pensionsverpflichtungen/-rückstellung in 20 Jahren.

Lassen Sie alle Angaben im BWK Business® gespeichert. Sie wissen nun, dass nach 20 Jahren eine Pensionsrückstellung von 321.000 Euro bestehen muss. Der Marktzins von 6 Prozent wird ab 2010 jedoch auf 4,5 Prozent geändert.

2. Schritt: Berechnung der heutigen Rückstellung mit geändertem Marktzins von 4,5 Prozent:

Eingabe	Display-anzeigen	Erklärung
4,5 EFF%	I/YR NOM% 4,50	Marktzins von 4,5 Prozent.
PV	PV –132.981,58	Berechnung der heutigen Rückstellung.

Lassen Sie wiederum alle Angaben in Ihrem BWK Business® gespeichert. Die heutige Rückstellung muss über 133.000 Euro lauten. Für die Bilanz bedeutet das ab 2010: Es sind zurzeit lediglich 100.000 Euro angesetzt. Um 33.000 Euro muss die Rückstellung erhöht werden. Um diesen Betrag wird sich das Eigenkapital ändern. Das kann fatale Auswirkungen haben, da sich Kennzahlen, wie zum Beispiel die Eigenkapitalquote, dadurch ändern. Bewirbt sich das Unternehmen für weitere Kredite, werden sich die Banken durch Basel II gezwungen fühlen, einen höheren Kreditzins anzusetzen, um nur eine negative Folge aufzuzeigen.

Doch damit nicht genug. Der Marktzins setzt sich aus einem Durchschnitt der letzten 7 Jahre zusammen. Er ist damit nicht fix auf 4,5 Prozent festzusetzen. Ein Szenario könnte sein, dass der Zins sich auf 4 Prozent verringert und die Rückstellung weiter steigt. Auch diese Berechnung möchten wir nicht außen vor lassen:

Eingabe	Display-anzeigen	Erklärung
4 EFF%	I/YR NOM% 4,00	Marktzins von 4 Prozent.
PV	PV –146.369,48	Berechnung der heutigen Rückstellung.

Plötzlich steigt die Rückstellung auf 146.000 Euro. 46.000 Euro weniger Eigenkapital. Sie sehen hieran den Multiplikationsfaktor des Zinses. Hierzu weitere sinkende Zinssätze:

Marktzins	3 % p.a.	2 % p.a.	1 % p.a.
Rückstellungsverpflichtung heute	177.500 €	216.000 €	263.000 €

Die Auswirkungen sind fatal. Zudem gehen wir lediglich von einer Rückstellung in Höhe von 100.000 Euro aus. Hand aufs Herz: Kennen Sie Unternehmen mit Rückstellungen von einer Million oder mehr? Auf obige Fälle bedeutet eine Million das Zehnfache. Das Komma verschiebt sich dadurch eine Stelle nach rechts. Aus 146.000 werden 1.460.000 Euro. 460.000 Euro weniger Eigenkapital. Wissen die Unternehmer das? Mit dem BWK Business® haben Sie ein optimales Werkzeug an der Hand, welches die Individuell die Auswirkungen der Bilanzen zeigt. Die Bilanzauswirkungen zeigen wir nun auf, bei der erhöhten Rückstellungsverpflichtung von 30.000 Euro.

Beispiel für erhöhte Rückstellungsbildung und deren mögliche Auswirkung (Angabe in €)

Bilanz vor BilMoG (§ 6a EStG) Gewinn 40.000

Aktiva		Passiva	
Anlagevermögen	100.000	Eigenkapital	50.000
Umlaufvermögen	100.000	Verbindlichkeiten	50.000
		Pensionsrückstellungen	**100.000**
Summe	200.000	Summe	200.000

Fazit: Aufgrund BilMoG ergibt sich ein höherer Pensionsrückstellungswert

Bilanz nach BilMoG (§ 253 HGB) Gewinn 10.000

Aktiva		Passiva	
Anlagevermögen	100.000	**Eigenkapital**	**20.000**
Umlaufvermögen	100.000	Verbindlichkeiten	50.000
		Pensionsrückstellungen	**130.000**
Summe	200.000	Summe	200.000

Nur zum Verständnis: Die jetzt ausgerechneten höheren absoluten Werte der Rückstellungen sind echte fehlende Gelder bei der Auslagerung und keine steuerlich relevanten Rückstellungen mehr! Nach BilMoG sind alle Bilanzierer verpflichtet, zwei Bilanzen zu erstellen, eine Handels- und eine Steuerbilanz. Die bis dahin übliche Einheitsbilanz hat ausgedient.

Die Auswirkungen auf die Handelbilanzen werden sich wie folgt darstellen:

Beispiel für die Auswirkung ohne Saldierung
(Angabe in €) – Beispiel 3

Bilanz heute – (§ 6a EStG)

Aktiva		**Passiva**	
Anlagevermögen	100.000	Eigenkapital	50.000
Umlaufvermögen	100.000	Verbindlichkeiten	50.000
		Pensionsrückstellungen	**100.000**
Summe	200.000	Summe	200.000

Bilanz nach BilMoG

Aktiva		**Passiva**	
Anlagevermögen	100.000	**Eigenkapital**	**20.000**
Umlaufvermögen	100.000	Verbindlichkeiten	50.000
		Pensionsrückstellungen	**130.000**
Summe	200.000	Summe	200.000

Verschlechterung der Eigenkapitalquote

Eigenkapitalquote = Eigenkapital/Gesamtkapital
Eigenkapitalquote 25 % heute; Eigenkapitalquote 10 % nach BilMoG

Beispiel für die Auswirkung mit Saldierung einer Rückdeckungsversicherung

BilMoG – Bilanz vor Saldierung

Aktiva		Passiva	
Anlagevermögen	100.000	Eigenkapital	50.000
Verpfändete RDV	100.000	Verbindlichkeiten	50.000
		Pensionsrückstellungen	**130.000**
Summe	200.000	Summe	200.000

Erläuterung: Aufgrund des Saldierungsgebotes muss die verpfändete RDV mit den Pensionsverpflichtungen saldiert werden.

BilMoG – Bilanz nach Saldierung

Aktiva		Passiva	
Anlagevermögen	100.000	**Eigenkapital**	**20.000**
		Verbindlichkeiten	50.000
		Pensionsrückstellungen	**30.000**
Summe	100.000	Summe	100.000

Verbesserung der Eigenkapitalquote

Eigenkapitalquote vor Saldierung = 10 %
Eigenkapitalquote nach Saldierung = 20 %

Die Steuerbilanz weist die Differenz als latente Steuer auf und hat demnach nur zur Verlängerung der Bilanz beigetragen. Kein Hebel mehr, um etwaige Gewinne steuerlich zu reduzieren. Keine Senkung der zu zahlenden Steuern!

Auswirkungen bei der Pensionszusage/Direktzusage – Pensionsrückstellung/Latente Steuern

Die Entkopplung von Steuer- und Handelsbilanz führt zu latenten Steuern, wenn erfolgswirksame Sachverhalte in der Handelsbilanz und in der Steuerbilanz unterschiedlich bilanziert werden.

- Höhere Bewertung der Pensionsrückstellungen in der Handelsbilanz führen zu aktiven latenten Steuern.
- Aktive latente Steuern bedeuten, dass gem. Steuerbilanz mehr Steuern gezahlt wurden, als erforderlich gewesen wären.
- Nach BilMoG besteht eine Ausweispflicht von latenten Steuern. Aktive latente Steuern finden sich auf der Aktivseite der Bilanz wieder.
- In Höhe der aktiven latenten Steuern besteht eine Ausschüttungssperre.

Diese Transparenz ist gewollt und genau zu dieser Position in der Bilanz war die Reform echt reif. Über den Zeitpunkt können wir streiten, aber der wäre stets ungünstig. Denn Einschnitte kommen immer zur falschen Zeit. Nur in konjunkturell besseren Zeiten, in denen die Liquidität nicht so dünn ist, trägt man diese Entscheidungen verständlicherweise einfach leichter und schneller.

Fazit: Problemstellungen beim Arbeitgeber

Steuerbilanz und Handelsbilanz fallen zukünftig auseinander. Der steuerliche Ansatz der Pensionsrückstellung ist für die Handelsbilanz nicht mehr zulässig (zwei Gutachten erforderlich).

Folgen der zum Teil deutlichen Erhöhung der Pensionsrückstellungen sind unter anderem:

- Stille Lasten werden bilanziell aufgedeckt.
- Schlechtes Unternehmensrating/Verschlechterung von Bilanzkennzahlen
- Auswirkungen auf die Ausschüttungspolitik (Gewinn) des Unternehmens
- Erschwerung für die Kreditbeschaffung sowie negative Auswirkungen auf Fremdkapitalzinsen

Seitdem erlebe ich in meinen Gesprächen in jedem Fall mehr Aufmerksamkeit zur Ausfinanzierung der Zusagen. Grundsätzlich teile ich die Pensionszusagen auf in bereits erdiente und noch zu erdienende Anwartschaften. Die Gesetze schreiben eindeutig vor, wie mit diesen Anwartschaften umzugehen ist.

- Past Service => erdiente Anwartschaften
- Future Service => noch zu erdienende Anwartschaften

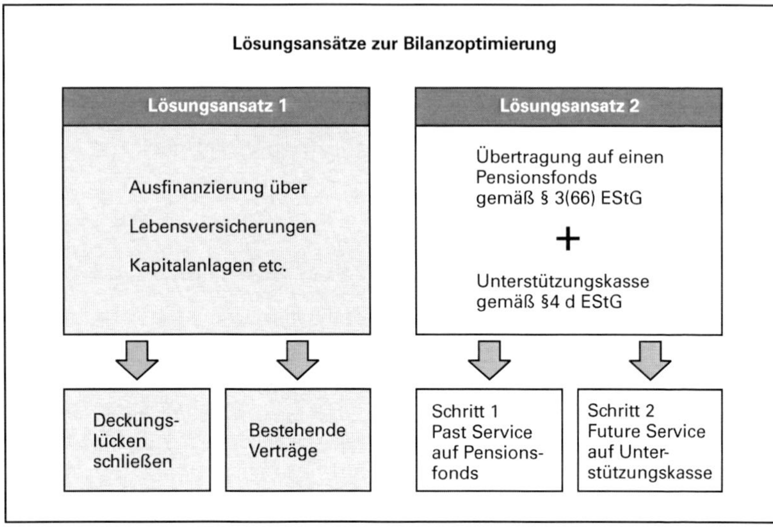

1. Lösungsansatz:

Lösungsansatz: Ausfinanzierung über Lebensversicherungen

Die Pensionsrückstellungen sinken oder entfallen ganz.

Damit wird
- Die Bilanz verkürzt
- Die Eigenkapitalquote verbessert
- Die Kreditbeschaffung erleichtert (Basel II)
- Das Unternehmensrating verbessert

Bestehende RDV sollten überprüft werden, um Versorgungslücken zu schließen.

- Ausfinanzierung der Zusage (unter Einbeziehung von BVE)
- Deckungslückenermittlungen
- Nur "verpfändete" Rückdeckungsversicherungen sind zu saldieren. Überprüfen der Verpfändungserklärungen. Sind diese nicht konkret bezeichnet, sind sie unwirksam.

2. Lösungsansatz:

Lösungsansatz: Übertragung auf den Pensionsfonds

Gleiche bzw. ähnliche Effekte ergeben sich bei der Auslagerung der Pensionsrückstellungen auf den Pensionsfonds gemäß § 3 Nr. 66 EStG Zusätzlich Motive können sein:

- Ausfinanzierung von Versorgungszusagen losgelöst vom Schicksal des Unternehmens
- Lückenlose Absicherung von Pensionsansprüchen gegen Insolvenz
- Reduzierung der Insolvenzsicherungskosten um 80 %

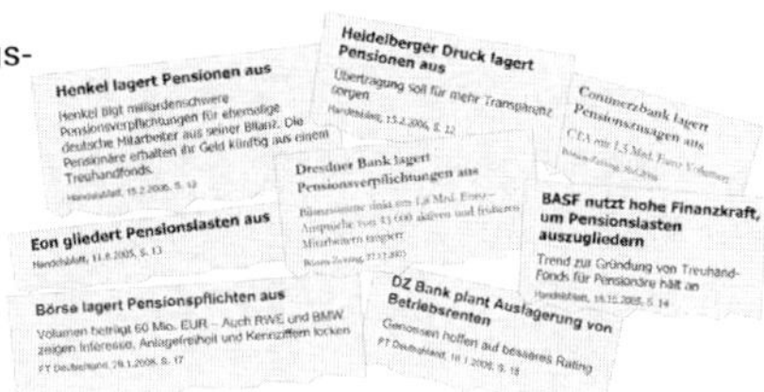

Viele (viel zu viele) Unternehmer haben sich lediglich auf ihren Versicherungsagenten oder nur auf den Steuerberater verlassen, die Vorteile der Rückstellungen und damit der Steuerminderungen mitgenommen und über die Gestaltung der Aktivseite, sprich Aufbau von materiellen Werten teilweise oder gar komplett verzichtet. Bei dem Wort Verzicht wird mir dann auch nicht wohler. Einige Unternehmer haben sich bereits als Lösung für die neuen Probleme mit ihrer Pensionszusage mit dem Gedanken getragen, ganz oder teilweise auf die Pensionszusage zu verzichten. Was ein Verzicht/Teilverzicht bedeuten kann, sagen Ihnen dann unsere Freunde vom Finanzamt. Sie werden diesen Lösungsansatz monieren und zwar zu Recht.

Weitere fatale Auswirkungen von BilMoG auf die Rückstellungen an einem Beispiel aufgezeigt

Die heutigen Zusagen haben es sogar noch mehr in sich und sind noch höher anzusetzen durch das BilMoG. Das BilMoG bzw. das HGB verlangt ebenso eine Beachtung von Gehalts- und Rentensteigerungen. Auch diese sind zu beachten. Sie haben mit Ihrem BWK Business® den großen Vorteil, dass Sie durch die Dynamikfunktion weniger Schwierigkeiten bei der Berechnung haben.

Doch vorerst sollten wir unterscheiden zwischen Festzusage und gehaltsabhängiger Zusage.

Die Festzusage haben wir bisher in den vorigen Beispielen berechnet. Es bleibt eine konstante Zusage, die dann auch eine konstante Rückstellung zum Rentenbeginn bedeutet. Die gehaltsabhängige Zusage, gibt auf das letzte Gehalt vor Renteneintritt eine Zusage, zum Beispiel 5 Prozent auf das letzte Bruttogehalt.

Hierzu ein Beispiel: Eine Arbeitnehmerin, heute 40 Jahre jung, erhält eine Pensionszusage von 2.500 Euro jährlich zum 67. Lebensjahr. Die heutige Lebenserwartung für den Jahrgang 1969 beträgt noch rund 48 Jahre. Bis zu einem Lebensalter von 88 Jahren sollte also die Direktzusage angesetzt werden. Nach heutiger Rechtssprechung bei 6 Prozent Barwertzins. In der Rentenphase wird ein Zins von 4 Prozent angenommen.

Rückstellung in der Rentenphase:

Eingabe	Display-anzeigen	Erklärung
1 P/YR	P/YR 1,00	Jährliche Betrachtung der Zusage.
21 xP/YR	N 21,00	Die Direktzusage sollte vom 67.–88. Lebensjahr angesetzt werden.
4 EFF%	I/YR NOM% 4,00	In der Rentenphase wird ein Barwertzins von 4 Prozent angenommen.
2 500 PMT	PMT 2.500,00	Die Festzusage wird mit 2.500 Euro angesetzt.
0 FV	FV 0,00	Keine weiteren Leistungen bei Tod der Rentenempfängerin.
PV	PV –35.072,90	Berechnung des Barwerts – der Rückstellung zu Rentenbeginn.

Lassen Sie alle Angaben im BWK Business® gespeichert. Die Rückstellung ist lediglich mit 35.072 Euro anzusetzen zum Rentenbeginn. Hinzu kommt nun noch die Zeit bis zum Rentenbeginn.

Rückstellung heute:

Eingabe	Display-anzeigen	Erklärung
27 xP/YR	N 27,00	Bis zum Rentenbeginn vergehen noch 27 Jahre.
6 EFF%	I/YR NOM% 6,00	Der Rechnungszins bis zur Rentenphase wird heutzutage (vor BilMoG) noch mit 6 Prozent angenommen.
0 PMT	PMT 0,00	Keine weiteren regelmäßigen Berücksichtigungen.
RCL PV +/– FV	FV 35.072,90	Speichern der Rückstellung des Rentenbeginns als Endwert der jetzigen Berechnung.
PV	PV –7.273,00	Berechnung des Barwerts – der heutigen Rückstellung.

Die heutige Rückstellung nach heutigem Recht beträgt 7.273 Euro – selbstverständlich nur für einen Mitarbeiter. Die Summe sollte dann bei einigen hundert oder gar tausend Mitarbeitern nicht unterschätzt werden.

Auswirkung 1: Unrealistische Lebenserwartung!

Heutige Berechnungstabellen gehen von Lebenserwartungen aus, die meist in der Praxis nicht mehr zutreffen. Hier sollte nachgebessert werden. Manch andere Tabellen anderer Institutionen gehen noch von Lebenserwartungen einer heutigen 40-Jährigen von noch 56 Jahren aus. Also 8 Jahre mehr als in voriger Berechnung und insgesamt einer Rentenbezugsdauer bis 96 Jahre.

Auswirkung 2: Rechnungszins sinkt heute auf ca. 4,5 Prozent!

BilMoG senkt den Rechnungszins (bis zur Rentenphase) auf ca. 4,5 Prozent.

Welche Auswirkungen haben diese zwei Probleme auf die heutige Rückstellung der Arbeitnehmerin?

Berechnung in der Rentenphase:

Eingabe	Display-anzeigen	Erklärung
1 P/YR	P/YR 1,00	Jährliche Betrachtung der Zusage.
29 xP/YR	N 29,00	Die Direktzusage sollte vom 67.–96. Lebensjahr angesetzt werden.
4 EFF%	I/YR NOM% 4,00	Der Barwertzins wird mit 4 Prozent angesetzt.
2 500 PMT	PMT 2.500,00	Die Festzusage wird mit 2.500 Euro angesetzt.
0 FV	FV 0,00	Keine weiteren Leistungen bei Tod der Rentenempfängerin.
PV	PV –42.459,29	Berechnung des Barwerts – der Rückstellung zu Rentenbeginn.

Lassen Sie wiederum die Angaben in Ihrem BWK Business® gespeichert.

Berechnung der heutigen Rückstellung:

Eingabe	Display-anzeigen	Erklärung
27 xP/YR	N 27,00	Bis zum Rentenbeginn vergehen noch 27 Jahre.
4,5 EFF%	I/YR NOM% 4,50	Der Rechnungszins wird heute nach BilMoG mit 4,5 Prozent angesetzt.
0 PMT	PMT 0,00	Keine weiteren regelmäßigen Berücksichtigungen.
RCL PV +/– FV	FV 42.459,29	Speichern der Rückstellung des Rentenbeginns als Endwert der jetzigen Berechnung.
PV	PV –12.936,98	Berechnung des Barwerts – der heutigen Rückstellung.

Ergebnis: Die heutige Rückstellung hat sich für diese Mitarbeiterin fast verdoppelt. Und wieder kommt die Frage danach, wann sich die wahren Pensionsrückstellungen für Mitarbeiter in der Bilanz verdoppeln. Welche fatalen Folgen hat diese Bilanzumstellung für das Unternehmen? Eine wirklich harte Frage. Doch damit nicht genug. Wie schon vorher angemerkt, müssen laut BilMoG Rentensteigerungen berücksichtigt werden, die in vielen Festzusagen ohnehin enthalten sind. Oft steigt eine Zusage jährlich im Rentenbezug um einen gewissen Prozentsatz jährlich an.

Auswirkung 3: Rentensteigerungen um 2 Prozent!

Die Festzusage soll zudem in der Rentenzeit an die Inflation angepasst werden. Sprich: Rentensteigerungen von angenommenen zwei Prozent jährlich. Wir bleiben bei voriger Arbeitnehmerin. Sie werden nun den unschlagbaren Vorteil des BWK Business® kennenlernen – die Dynamikfunktion. Rechnen Sie selbst.

Berechnung in der Rentenphase:

Eingabe	Display-anzeigen	Erklärung
1 P/YR	P/YR 1,00	Jährliche Betrachtung der Zusage.
29 xP/YR	N 29,00	Die Direktzusage sollte vom 67.–96. Lebensjahr angesetzt werden.
4 EFF%	I/YR NOM% 4,00	Der Barwertzins wird mit 4 Prozent in der Rentenphase angesetzt.
2 500 P/D	P/D 2.500,00	Die Festzusage wird anfänglich mit 2.500 Euro angesetzt.
2 %D	%D 2,00	Die Zusage steigt jedoch jährlich um 2 Prozent. Entspricht einer Dynamik von zwei Prozent.
1 SHIFT %D	xD 1,00	Die Festgeldzusage soll jährlich steigen, also einmal pro Jahr.
SHIFT P/D	P/DE 4.352,56	Berechnung der Rente im letzten Rentenauszahlungsjahr. Hier ist die Arbeitnehmerin 95 Jahre alt. Dieser Schritt gilt nur der Information und muss nicht durchgeführt werden.
0 FV	FV 0,00	Keine weiteren Leistungen bei Tod der Rentenempfängerin.
PV	PV –53.821,61	Berechnung des Barwerts – der Rückstellung zu Rentenbeginn.

Lassen Sie wiederum alle Angaben in Ihrem BWK Business® gespeichert. Die Rückstellung zu Rentenbeginn muss nochmals mit rund 11.000 Euro mehr angesetzt werden. Bis dahin vergehen noch 27 Jahre.

Berechnung der heutigen Rückstellung:

Eingabe	Display-anzeigen	Erklärung
27 xP/YR	N 27,00	Bis zum Rentenbeginn vergehen noch 27 Jahre.
4,5 EFF%	I/YR NOM% 4,50	Der heutige Rechnungszins beträgt 4,5 Prozent.
0 PMT	PMT 0,00	Keine weiteren regelmäßigen Berücksichtigungen.
RCL PV +/– FV	FV 53.821,61	Speichern der Rückstellung des Rentenbeginns als Endwert der jetzigen Berechnung.
PV	PV –16.398,98	Berechnung des Barwerts – der heutigen Rückstellung.

Ergebnis: Bei Berücksichtigung aller Auswirkungen steigt die bisherige Rückstellung um das 1,3-Fache an. Ob das heute Unternehmern schon klar ist? Sie sollten aufklären am Beispiel eines/einer Mitarbeiter(in) als Durchschnitt aller Mitarbeiter des Unternehmens.

Auswirkung 4: Gehaltssteigerungen!

Sprechen wir von gehaltsabhängigen Zusagen, so werden ebenso Gehaltssteigerungen in die Rückstellungen lt. BilMoG hineingerechnet. In obigem Fall hat die Arbeitnehmerin bspw. ein Bruttojahreseinkommen von 50.000 Euro und erhält eine Pensionszusage von 5 Prozent. Heute sind es dann die 2.500 Euro jährlich. Doch ihr Gehalt wird bis zum Rentenalter sicherlich noch steigen. Nehmen wir hier 3 Prozent jährlich an.

Welche Auswirkung hat das auf die Rückstellung des Unternehmens?

Berechnung des Rentenanspruchs bei Renteneintritt in 27 Jahren:

Eingabe	Display-anzeigen	Erklärung
1 P/YR	P/YR 1,00	Jährliche Gehaltssteigerung.
27 xP/YR	N 27,00	Bis zum Renteneintritt vergehen noch 27 Jahren.
3 EFF%	I/YR NOM% 3,00	Gehaltssteigerungen von jährlich 3 Prozent.
50 000 PV	PV 50.000,00	Heute wird ein Gehalt von jährlich 50.000 Euro gezahlt.
0 PMT	PMT 0,00	Keine regelmäßigen Zahlungen in dieser Berechnung.
FV	FV –111.064,45	Berechnung des Gehalts bei Renteneintritt.

Lassen Sie alle Angaben im BWK Business® gespeichert. Nach 27 Jahren erhöht sich das Gehalt auf rund 110.000 Euro. Die Rente beläuft sich dann auf 5 Prozent oder 5.500 Euro. Aus diesem Wert erfolgt wiederum die Berechnung des Barwerts mit Rentensteigerungen, sowie verlängerter Lebenszeit.

Berechnung des Barwerts zu Rentenbeginn:

Eingabe	Display-anzeigen	Erklärung
1 P/YR	P/YR 1,00	Jährliche Betrachtung der Zusage.
29 xP/YR	N 29,00	Die Direktzusage sollte vom 67.–96. Lebensjahr angesetzt werden.
4 EFF%	I/YR NOM% 4,00	Der Barwertzins wird mit 4 Prozent in der Rentenphase angesetzt.
5 500 P/D	P/D 5.500,00	Die Gehaltszusage könnte später bei 5.500 Euro angesetzt sein.
2 %D	%D 2,00	Die Zusage steigt jedoch jährlich um 2 Prozent. Entspricht einer Dynamik von zwei Prozent.
1 SHIFT %D	xD 1,00	Die Festgeldzusage soll jährlich steigen, also einmal pro Jahr.
SHIFT P/D	P/DE 9.575,63	Berechnung der Rente im letzten Rentenauszahlungsjahr. Hier ist die Arbeitnehmerin 95 Jahre alt. Dieser Schritt gilt nur der Information und muss nicht durchgeführt werden.
0 FV	FV 0,00	Keine weiteren Leistungen bei Tod der Rentenempfängerin.
PV	PV –118.407,54	Berechnung des Barwerts – der Rückstellung zu Rentenbeginn.

Bitte alle Angaben im BWK Business® belassen. Die Rückstellung zu Rentenbeginn muss rund 118.000 Euro betragen. Nun erfolgt wiederum die Barwertberechnung der heutigen Rückstellung.

Berechnung der heutigen Rückstellung:

Eingabe	Display-anzeigen	Erklärung
27 xP/YR	N 27,00	Bis zum Rentenbeginn vergehen noch 27 Jahre.
4,5 EFF%	I/YR NOM% 4,50	Der heutige Rechnungszins beträgt 4,5 Prozent.
0 PMT	PMT 0,00	Keine weiteren regelmäßigen Berücksichtigungen.
RCL PV +/– FV	FV 118.407,54	Speichern der Rückstellung des Rentenbeginns als Endwert der jetzigen Berechnung.
PV	PV –36.077,76	Berechnung des Barwerts – der heutigen Rückstellung.

Kommen alle vier Auswirkungen zusammen, steigt die heutige Rückstellung um das Fünffache an. Für viele Unternehmen wird das wohl eine Herunterstufung der Bonität bedeuten.

Fassen wir noch einmal zusammen:

Heutige Rückstellung	7.273 €	
Erhöhte Lebenserwartung, geringerer Rechnungszins	12.937 €	+78 %
und Rentensteigerungen	16.399 €	+125 %
und Gehaltssteigerungen	36.078 €	+496 %

Dieses Szenario ist keinesfalls unrealistisch. Es sind die Zahlen von morgen. Checken Sie und ordnen Sie die Zusagen im Unternehmen. Viele Unternehmer haben zudem individuelle Zusagen, quasi als Anhang zum Arbeitsvertrag vereinbart. Wenn möglich, lassen Sie über eine Beratungsgesellschaft mittels einer Versorgungsordnung Zusagen gesammelt darstellen. Grundsätzlich können wir im Buch keine pauschalen Hinweise für jedes Unternehmen geben. Die Welt der Pensionen ist mittlerweile einfach zu bunt geworden und in jeder Firma finden wir individuelle Vorgehensweisen vor.

Betriebliche Versorgung auch in konjunkturschwachen Phasen?

Im ersten Halbjahr 2009 haben die Insolvenzen von kleineren bis hin zu großen internationalen Unternehmen dramatisch zugenommen. Auslöser war neben der Immobilienkrise in den USA dann kurz darauf die Lehman-Pleite. Zuerst wurde von einer reinen Finanzkrise gesprochen, aber zunehmend fällt der Zungenschlag im Volksmund in Richtung Systemkrise. Eigentlich wissen wir alle, Krisen gehören von Zeit zu Zeit in Sachen Marktbereinigung einfach dazu. Zumal, wenn unsere eigene Gier nach Rendite, nach besten Zinsen nur noch in einer künstlichen Blase befriedigt werden kann. In diesen Zeiten fragt keiner nach Risiken oder Gefahren. Da kommt es darauf an, dabei zu sein und von dem fetten Kuchen genug abzubekommen. Aber wer sagt halt? Nun ja, der klassische Big Bang! Und der kommt bei den neuen globalen Auswirkungen extrem hart. Meine Worte mögen sehr sachlich und herzlos scheinen. Wenn diese Zeilen ein Arbeitnehmer liest, der gerade von der Insolvenz seines Betriebes gehört hat, geht ihm bestimmt das Messer in der Tasche auf. Ich kann ihn sogar verstehen. Er fragt sich jetzt doch, wie geht es weiter? Wer bezahlt nun meine laufenden Verpflichtungen? Müssen wir unser Häuschen verkaufen? Sollen wir auswandern? Wie viele Menschen in Deutschland haben es schon getan und sind plötzlich in den Medien dann noch als Helden der Auswanderer dargestellt worden, zusätzlich mit Verträgen für Werbung und Talk Shows ausgestattet? Wen interessiert das von den Hierbleibern? Sind wir die Verlierer, nur weil wir bleiben?

Wie geht es dem Unternehmer, der Insolvenz beim Amtsgericht eingereicht hat? Hat er sein Werk oder gar das traditionsreiche Familienunternehmen im Stich gelassen? Wer ist der Schuldige? Was wird jetzt aus ihm? Die eine Firma ist quasi weg, eine neue mal eben neu eröffnen und anmelden, ist das der einzige Weg? Ich – als Unternehmer habe nicht nur

Verantwortung für mich und meine Familie, sondern auch für Angestellten. Was sage ich Ihnen?

Glauben Sie wirklich, dass in diesen Zeiten sich wirklich jemand für **s p ä t e r** interessiert? In diesen Zeiten zählt nur das heute und jetzt.

Es ist schon ein Katz-und-Maus-Spiel. Auf der einen Seite fehlen uns in Deutschland Servicekräfte und Fachkräfte und vor allem im medizinischem Bereich Personal. An die vielen Senioren- und Pflegeheime mag ich gar nicht denken. Auf der anderen Seite: Besteht dieses Land größtenteils wirklich nur aus Kfz-Schraubern? Da muss es doch Lösungen geben. Jetzt ist die Zeit, in der Visionen abgeglichen werden müssen mit realen Bedingungen. An den künftig „freien" Arbeitnehmern wird es bestimmt nicht liegen.

Wie hoch ist der Schaden in konjunkturell schwachen Zeiten auf die Vorsorge bezogen, die ja schließlich langfristig angedacht ist? Eine Studie der DIA – Deutsches Institut für Altersvorsorge – hat sich damit ausgiebig beschäftigt und zusammen mit Professor Raffelhüschen und seinen Mitarbeitern ist folgende Erkenntnis hervorgegangen:

Auswirkungen der Finanzkrise auf die drei Schichten der Altersvorsorge – ein zusammenfassender Überblick

1. Schicht	GRV	●	Finanzielle Altersvorsorge
	Rürup-Rente	●	
	berufsständige Versorgung	●	
	Beamtenversorgung	–	
2. Schicht	bAV	–/●	
	Riester-Rente	●/●●	
	Zusatzversorgung öffentlicher Dienst	–	
3. Schicht	Kapitalanlageprodukte	●●●	
	Immobilien	●	Altersvorsorge in Sachmitteln

Legende: Die Auswirkungen der Finanzkrise auf die verschiedenen Altersvorsorgeformen reichen von nicht vorhanden (–) bis hin zu stark ausgeprägt (●●●)

Aber zurück zu unserem Thema. Viele Unternehmen haben sich für Betriebsrenten und Altersmodelle für ihre Belegschaft entschieden. Was passiert jetzt mit meiner Betriebsrente während der Kurzarbeit? Damit fängt doch alles an. Mit Kurzarbeit und später Zahlung von Insolvenzersatzleistungen.

Nach Schätzungen der Bundesagentur für Arbeit waren im Juni 2009 1,4 Millionen Deutsche von Kurzarbeit betroffen. Der Staat zahlt 60 Prozent des weggefallenen Nettolohns, mit Kindern auf der Steuerkarte steigt der Satz auf 67 Prozent. Dieser Lohnersatz ist nicht steuerpflichtig und kann deshalb auch keine betriebliche Altersversorgung darstellen. Bevor jetzt aber der Vertrag beitragsfrei gestellt wird, gibt es wahrlich bessere Lösungen. Auch wenn es für viele Betroffene auf der Hand liegt, keine weiteren Beiträge aus dem noch von ihrem Arbeitgeber gezahlten Restgehalt aufzubringen, so gilt es immer vorher zu rechnen.

Erhält man die Entgeltumwandlung aufrecht, so verringert sich die Gesamtvergütung kaum. An einem Beispiel lässt sich dies gut untermauern:

Ausgangsituation:

Vor Kurzarbeit	
monatliche Vergütung	2.000,00 €
Entgeltumwandlung (EUW)	100,00 €
Bruttomonatseinkommen	1.900,00 €
– Lohnsteuer (Stkl.1)	226,75 €
– Soli (5,5 %)	12,47 €
– SV-Beiträge (21 % pauschal)	399,00 €
Nettoeinkommen (pauschal)	1.261,78 €

Neue Situation mit Kurzarbeit

	Beitragfreistellung der EUW		Beibehaltung der EUW
	1.000,00 €		1.000,00 €
	0,00 €		100,00 €
	1.000,00 €		900,00 €
	0,00 €		0,00 €
	0,00 €		0,00 €
	210,00 €		189,00 €
	790,00 €		711,00 €
+	471,78 €	Nettoentgeltdifferenz	550,78 €
+	283,07 €	Kurzarbeitergeld	330,47 €
=	**1.073,07 €**	**Gesamtvergütung**	**1.041,47 €**

Quelle: Longia GmbH

Teil 4

bAV für kleinere und/oder größere Unternehmen – große Zusammenfassung

Das Leben findet bei uns allen netto statt. Viele antworten auch stets spontan bei monetären Fragen: Was bleibt unterm Strich für mich übrig? Nennen Sie es Instinkt. Ich glaube, diese Bezeichnung trifft es am Besten.

Die Frage, die sich mir noch immer stellt: Wenn jeder in unserer heutigen Gesellschaft weiß, dass nur das Geld unterm Strich zählt, warum interessieren sich so wenige für das Geld überm Strich? Wir im Norden sagen: Der Fisch fängt am Kopf an zu stinken. Ich vertrete die Meinung: Das, was zählt ist mein Brutto. Nur wenn ich weiß, was mein Brutto für mich ermöglicht, dann kenne ich meine Geldanlagen, meine Renditen und meine Chancen. Leider steht das nicht in der größten Tageszeitung Deutschlands, noch nicht. Die Nettodiskussionen wachsen bereits, die Bruttoszenarien werden folgen, da bin ich mir ganz sicher. Sie müssen nur so einfach und so transparent wie möglich veröffentlicht werden. Eine Frage, die ich gern in diese Diskussion werfen möchte: Lassen sie sich Gesetze in Zahlen umrechnen? Wer versteht von uns Normalzivilos diese verstaubten Gesetzestexte aus dem Jahr anno dutt? Auch die beratenden Berufe ziehen sich nur das aus den Vorgaben der Juristen, was sie einerseits beraten dürfen und andererseits, um entsprechend ihre Bücher zu füllen. Diese Komponenten sind es doch, die uns gerade in Deutschland ins Misstrauen bringen. Wo ist der Vorteil des anderen? Warum sagt er mir, dass es für mich gut sein soll? Wo ist sein Gewinn? Schrecklich! Wie kann man auf solcher Basis Geschäfte machen, geschweige denn Verträge noch ohne Anwälte unterzeichnen? Soll das etwa der Grund sein, warum wir nur noch den einfachen Weg gehen wollen? Warum wir weniger heutzutage hinterfragen? Vielleicht mal einige kritische, oder gar provokante Fragen nicht stellen? Den unkomplizierten Nettoweg zu gehen, ha, da weiß ich, was ich tue, da benötige ich keinen Dritten, da verzichte ich doch mal auf eine paar Euronen. Hauptsache, ich habe verstanden, was ich da gerade tue. Der nächste Satz muss dann unweigerlich lauten: Die anderen sollen selbst sehen, wie sie klar kommen. Ich musste mir schließlich auch alles allein erfragen. Super! Das ist also das neue Jahrhundert nach 2000, wo meine Großeltern sich für uns Enkelkinder am liebsten wünschten, die Science Fiction aus den 70-gern wird wahr. Peinlich! Ich vermisse auch die demonstrierenden Jugendlichen der 60-ger Jahre! Hallo, Ihr jungen GRV-pflichtigen Beitragszahler zahlt heute schon doppelt, sofern Ihr am Arbeitsleben teilnehmen dürft. Immer fleißig in die Rentenkasse und dann eventuell aus dem Netto die ersten zaghaften Vorsorgeversuche des bevorzugten Maklers der Familie und zum Schluss seid Ihr es, die die höchsten Steuern bei den geringsten Freibeträgen zahlen dürft. Hurra! Aufstand der Alten? Nein! Wo ist der Aufstand der Jugend? Aber die geht denn wohl nur noch in 400-Euro-Jobs, ohne zu rechnen, was 1 Euro brutto mehr für Auswirkungen hat. Ich möchte hier niemanden beleidigen. Jeder hat seine Kernkompetenzen auf seinem Gebiet. Aber bitte, und das ist mein großes Fazit: Bitte bleiben Sie bei Änderungen, die uns alle – ob als Unternehmer oder Arbeitnehmer – betreffen, aufmerksam! Bitte fragen sie die Berufe, die es wissen müssen, was diese Gesetzesänderungen für sie selbst bedeuten. Lassen Sie sich vorrechnen, welche Einflüsse das Brutto und das Netto auf Ihre persönliche Haushaltsrechnung haben. Lassen Sie sich als Unternehmer vorrechnen, wie hoch der Schaden ist oder der Nutzen der Gesetzes- und Steueränderungen für Ihr Unternehmen beträgt. Diese Berater, wenn sie ihren Job gut verstehen, werden mit Ihnen tief ins Gespräch gehen. Es wird über künftige Projekte und Entwicklungen gesprochen werden müssen. Andere beratende Berufe klären intensiv die Vergangenheit des Unternehmens und sagen Ihnen, was Sie besser in den letzten zwei Jahren hätten erledigen müssen. Tolle Botschaften, die von der Vergangenheit sprechen! Checken sie Ihre Vorsorgeverträge alle drei bis fünf Jahre, denn die letzten Steueränderungen sind keine vier Jahre alt! Maybrit Illner beendet ihre Talkshow mit den Worten: „Bleiben Sie heiter irgendwie!“ Das brachte mich auf eine Idee für mein Resümee: „Denken Sie Brutto – immer!“

Der Chef ist überzeugt – und nun?

Es ist alles klar. Das erste große Kennenlerngespräch war ein voller Erfolg. Woher ich das weiß? Na gut, meine weibliche Intuition lässt mich da eigentlich nicht im Stich. Wenn sich Menschen, Unternehmer, für ein Gespräch bei mir bedanken und mir ins Gesicht sagen, dass sie dieses oder jenes noch für eine Entscheidung benötigen oder der und der mich in der nächsten Woche anrufen wird, dann gehe ich normalerweise davon aus, dass diese Aussage nicht nur eine Floskel ist. Wenn sich ein Unternehmer so verhalten sollte, dann werde ich aufhören, an den Mittelstand und an größere Unternehmen in Deutschland zu glauben. Ich denke, auf der Gesprächsebene sollte jeder Gesprächsteilnehmer ehrlich sein und gleich sagen, ob er Vorteile für sein Unternehmen erkannt hat, sich einfach nur in seinem Vorgehen bestätigt fühlt oder erst später aufgrund betriebsinterner Veränderungen auf uns zukommen möchte. Das wäre dann plausibel und vor allem standesgerecht. Ich habe übrigens keine Unternehmer kennengelernt, die nicht ernsthaft interessiert waren. Einige scheiterten, weil sich ihr Unternehmen in wirtschaftlicher Schieflage befand oder schlichtweg an ihrer eigenen geschaffenen Basisdemokratie. Oder gar, und das ist bitter, wegen betrügerischer Absichten ihrer HR-Mitarbeiter, und das kam wahrlich nicht selten vor.

Wir haben uns kurz mit den vier unterschiedlichen Typen von Unternehmern beschäftigt. Jetzt kommt es wieder auf mich an, dieses gute Bauchgefühl weiter bei Laune zu halten. So konkret wie nur möglich halte ich die nächste E-Mail oder das nächste Telefonat mit meinem Ansprechpartner. Entweder möchte der Chef es selbst in die Hand nehmen oder er gibt entsprechend die Kontaktdaten seines Ansprechpartners weiter. Sobald ich dann wieder im Auto sitze, meist sind es zwischen zwei und fünf Stunden Fahrtweg, lasse ich einige Highlights des Gespräches im Kopf noch einmal Revue passieren. Meist muss ich vor mich hin schmunzeln oder schneide dann allein im Auto Grimassen, fasse mir an den Kopf und sage: „Warum hast Du an der Stelle so reagiert?“ Sie sehen: Bei allen guten Tipps und professionellen Anwendungen, ich bin auch nur ein Mensch mit allen Stärken und Schwächen der Konzentration. Einige Autobahnbegleiter haben manchmal schon gehupt und mir komische Handzeichen in Kopfnähe gegeben. Ich weiß auch nicht, was die mir sagen wollten ...

Spätestens nach der ersten Kaffeepause, meist im Restaurant „Zur goldenen Möwe“, die haben jetzt immer so ein leckeres und gesundes Angebot, ist das vergessen. Dann setzt wieder meine Phase der Konzentration ein.

„Wie genau kann ich die Themen des Gespräches aufgreifen?“ Im Kopf entsteht dann so eine Art Fahrplan der Abarbeitung. Jede E-Mail, jedes Telefonat darauf denke ich mir erneut aus. Einerseits möchte ich nicht in Routine verfallen, andererseits kann ich somit wirklich beweisen, dass meine Ideen nur für die Firma bestimmt sind. Es ist einfach authentischer. Es soll Trainerseminare geben, da werden heute noch Formulierungen eingetrichtert – im wahrsten Sinne des Wortes. Es muss ja nicht verkehrt sein. Für Berufseinsteiger bestimmt eine gute Hilfestellung, aber ich denke, nach fast 25 Jahren Berufserfahrung sollte ein kleiner restlicher Nervenkitzel vorhanden sein, um sich jeden Tag erneut anzuspornen. Auch wenn es manchmal zugegebenermaßen schwer fällt.

Wieder im Büro zurück. Jetzt ist dieser Tag, ich sollte mich melden bei Herrn/Frau sowieso. Mal sehen, wie die firmeninterne Kommunikation bei meinem Ansprechpartner so lief. Ob derjenige auch im Bilde ist? Kann ich auf der nächsten Stufe anfangen oder muss ich etwa wieder bei Null einsteigen? Egal, weg mit den Hypothesen. Ran ans Telefon oder an den Postkorb! Ich beginne stets mit einem Dankeschön, egal ob schriftlich oder mündlich. Warum? Irgendetwas im ersten Gespräch muss ich als toll empfunden haben, denn sonst würde ich ja meinen Job schlecht gemacht haben. Zweitens empfinde ich das Bedanken an sich als heutige Seltenheit und damit gibt es zum Anfang eines Gespräches immer schon ein warmes Gefühl. Zu über 80 Prozent sind meine, Ich-wollte-mal-nachfragen-Telefonate sehr informativ. Die neuesten internen Regelungen erfahre ich, ggf. neue Personalia oder wir kommen gleich auf den Punkt. Selten, aber real, habe ich Terminverschiebungen erlebt. Kein Problem für mich persönlich. Eine alte Beraterweisheit lehrte mich sehr früh schon mein Mentor: Wenn du genug Pfeile im Köcher hast, musst du nicht über Fehlschüsse traurig sein! Wie Recht er hatte! In einem Jahr hatte ich mich fast übernommen und für jede kleinere Verschiebung oder auch Absage war ich fast dankbar. Die eine Absage entpuppte sich zwei Jahre später sogar als großes Geschäft. Auch so kann es laufen. Irre!

Wichtig beim Nachfassen für mich war immer die Frage nach den nächsten Entscheidungsgremien. Nicht immer ist es so, dass wenn ein Vorstand „ja“ gesagt hat, auch der Niederlassungsleiter Gefallen findet. Leider! Also: Die nächsten Gesprächsebenen können dann sehr vielfältig sein: Bereichsleiter, Filialleiter, Regionalleiter etc.

Auch die Position der Betriebsräte ist immer zu beachten. Neben dem Gesamtbetriebsrat entscheidet gern der Betriebsrat vor Ort, was wirklich umgesetzt wird.

In den Personalabteilungen gibt es neben Referenten auch die Gehaltsabrechner. Sie tragen letzten Endes dazu bei, dass sich unsere Beratungen in den Gehaltsprogrammen widerspiegeln. Eigentlich sind Letztgenannte die wichtigsten operativen Entscheider. Meist kommen sie zu kurz oder, schlimmer, erfahren erst nahezu am Schluss, was auch sie beachten dürfen.

In diesen vielen operativen Ebenen kann es schnell zu Verzögerungen in der weiteren Fortsetzung der Gespräche kommen. Fluktuation ist dabei noch das kleinste Übel. Viel dramatischer wirken sich Krankheiten oder Urlaube in diesem Personenkreis aus. So kann schnell mal ein Vierteljahr vergehen, ohne dass zwischen dem Erstgespräch und dem realistischen Beginn der Einzelgespräche irgendeine operative Entscheidung getroffen wurde. Schlecht für den späteren Nutzen fürs Unternehmen, schlecht für mich.

Meist stelle ich einen temporären Plan mit in die Präsentation ein. Hier schlage ich weitere Schritte zur Umsetzung kaskadisch vor. Ich bin vorsichtig in der Rhetorik zu diesen Zeitplänen. Ich möchte nicht zu dominant wirken, aber letzten Endes hat es immer schneller zum Ziel geführt und ich glaube, einige Chefs waren mir dafür auch manchmal schon dankbar. So war ich eben der Buhmann und nicht sie! Verlagerung oder besser Delegation von Konflikten nehme ich dann gern auf mich. Es ist und bleibt ein „Win-Win-Geschäft“ dieses Bruttogeschäft und da kann schließlich eine flotte Bearbeitung von Terminen, Gesprächen bis hin zur Umsetzung nur „Goodwill“ sein.

Auf dieser Basis erstrecken sich meist größere Unternehmen auf einer Zeitschiene von drei Monaten bis hin zu zwei Jahren, mittlere Unternehmen gehen kurzfristiger in der Entscheidungsphase vor, so dass hier meine Planungen in normalen Konjunkturperioden unterjährig laufen.

Ich habe mir dieses Kapitel als separates Thema gewünscht, da ich im Laufe meiner Beratungen immer stärker gemerkt habe, wie wichtig der Unterbau unter dem Unternehmer ist. Seine Atlaten, seine zweite Führungsriege etc. sind die firmeninternen Politiker und die Betriebsräte jeder Art der Unternehmensmund. Fatale Nebenwirkungen hätte das gesamte Vorgehen, wenn wir diese Ebenen nicht ernst genug nehmen würden.

Rund um die Lobbyarbeit für den Unternehmer

Ich möchte sogar noch einen Schritt weiter gehen. Ich erwähnte eingangs, wie wichtig für mich Assistentinnen sind. Genauso wichtig sind für mich Personalbereiche und Betriebsräte. Sie werden sehr schnell in die Entscheidungen des Unternehmers eingewiesen. Sie sind die Visitenkarte der Firma für alle externen beratenden Berufe. Auf ihren Fluren finden die wahren Gespräche statt. Es kann also nicht schaden, sich beiläufig etwas suchend auf den Fluren aufzuhalten. Ich meine nicht schnüffelnd oder ausfragend. Keineswegs. Ich will nur die Firmenatmosphäre einatmen. Ich möchte wissen, was derzeit diskutiert wird. Welche Themen sind gerade bei den Arbeitnehmern gut platziert? Welche Firmenereignisse werden geplant? Werden noch Sponsoren gesucht, um ein gemeinsames Grillfest zu veranstalten? Schließlich setzen Firmen in ihrem gesellschaftlichen Umfeld Duftmarken und sind nicht nur die Steuerzahler. Auf diesem Weg haben wir so manche Information erhalten und ansässige Sportvereine mit unterstützt. Einmal hatten wir sogar einen gemeinsamen Auftritt in der firmeneigenen Zeitung mit Foto. Näher kann man wohl kaum zusammenwachsen. Ein Wort an die Raucher unter uns. Raucher sind für mich die wahren Lobbyisten. Ich selbst bin überzeugter Nichtraucher, nur wenn die Party wirklich gut ist und meine Kinder im Bett sind, paffe ich mal eine mit. Ich arbeite mit vielen lastergeprägten Beratern zusammen, will sagen: mit Rauchern. Aus den so genannten Raucherpausen gelangen Informationen zu uns, die so manchen Chef erst Monate später angetragen wurden. Natürlich nicht durch uns, wir unterliegen dem Beratergeheimnis. Aber diese Rauchercliquen sind ein Völkchen für sich. Unsere mitrauchenden Berater haben nicht zuletzt auch die meisten Gespräche geführt und wurden schneller auf dem Werksgelände integriert als ihre Kollegen Nichtraucher. Aber das nur nebenbei. Ich möchte in keinster Weise die Berater oder Unternehmer aufrufen, mit dem Rauchen zu beginnen, nur weil da mehr getratscht wird. Aber die Raucher unter uns sollten sich wirklich dort aufhalten, wo es sich dann auch lohnt zu rauchen. Sie verstehen?

Nun ja, die Lobbyarbeit. Sie will verstanden sein. Ich denke, es wird keiner bestochen, wenn er für besonders gute Leistungen ein Dankeschön erhält. In Form eines Blumenstraußes, eines guten Kaffees oder von gutem Marzipan lässt sich das nebenbei vermarkten. Aber immer stellt sich die Frage: Wo fängt Bestechung an und wo hört sie auf? Ich vertrete den Standpunkt, wenn ich weiß, dass mein Gesprächspartner gern Golf spielt, dann freue ich mich, wenn ich ihm Golfbälle aus dem hauseigenen Fundus übergeben darf. Seine Meinung zum gemeinsamen Geschäft werden Golfbälle schon nicht beeinflussen. Wenn ich ihn dagegen einladen sollte, mit dem Flieger First Class auf die Insel Soundso zu fliegen und dort ein Wochenende auf unsere Kosten mit allen Schikanen zu erleben, dann hätte ich ein Problem. Ich möchte einfach nur sagen: Kleine Geschenke erhalten die Freundschaft und unterstreichen zudem, dass ich ihm zugehört habe. Denn woher wüsste ich sonst, dass er so ein Hobby hat. Mein Gott, die Medien mit den Schmieraffären können einem aufmerksamen Berater schon hier und da das Leben schwer machen. Ob das nur in Deutschland so ist?

Dieses Buch zeigt einerseits einige Beispiele zum breiten Spektrum in der bAV. Ich hoffe doch sehr, dass Sie das deshalb nicht abschreckt, sondern eher als Unternehmer anspornt oder gar herausfordert. Wenn ich an einige Firmengespräche zurück denke, werde ich das Gefühl nicht los, dass die Gespräche stets mit einzelnen Personen geführt, im Nachgang dann aber viele Entscheider hinzugezogen wurden. Warum spricht man in der Wirtschaft gern am „Round Table", aber zu komplexen Entscheidungen wie in der bAV hören sich nur einzelne Personen die Themen an? Welches Unternehmen verfügt über einen „Runden bAV-Tisch"? Viele Bereiche werden gleichermaßen berührt wie HR, Finanzen, Controlling und Rechnungswesen, Steuern & Recht sowie Compliance. Sie alle müssen die Themen diskutieren, die Auswirkungen auf ihre jeweils zu verantwortenden Bereiche kennen und gemeinsam Entscheidungen zur passenden Integration des optimalen bAV-Weges für ihr Unternehmen treffen.

Externe Berater können lediglich Anreize schaffen und den Spiegel vorhalten. Für größere Firmen empfehle ich sogar über ein „Pension Comitee“ nachzudenken. Finnland macht es uns bereits in Ansätzen vor. Ein HR-Vorstand ist dem Finanzvorstand gleichgestellt. In Deutschland habe ich bei diesen Aufteilungen immer noch Hierarchien erlebt. HR berichtet an CFO. Warum?

> *Rhinesmith: ‚We live in a complex, diverse and uncertain world'. Daher kann niemand „die“ richtige Lösung für einen so langfristigen Vorgang wie die betriebliche Altersversorgung kennen!*

Die betriebliche Altersvorsorge steht erneut für jedes Unternehmen auf dem Prüfstand. Heute geht es nicht mehr um auswendig gelernte Kundenansprachen! Heute geht es darum

1. über Geld zu sprechen
2. über aktuelle Gesetze zu reden
3. Auswirkungen dieser Gesetze auf das Unternehmen zu kennen und zu berechnen
4. Interessenkonflikte zu managen
5. Entscheidungen für den Unternehmer und für die Angestellten zu treffen

Bei der bAV sollte keine einzelne Person oder ein Bereich „den Hut aufhaben“, sondern alle auf der Hut sein, dass niemand außen vor bleibt!

Abschlusstest

Zum Abschluss dieses Buches ist exklusiv für Sie ein kleiner Test mit Übungsfragen und -aufgaben vorgesehen. Diese Tests kennen Sie möglicherweise aus den Büchern Rechentraining für Finanzdienstleister Band 1 und 2. Sollten sich diese Bücher zur Rechenkompetenz noch nicht in Ihrer Privatbibliothek befinden, geben wir Ihnen hiermit noch einmal den klaren Kauftipp!

Wir bitten Sie nun, den Test erst einmal allein durchzuführen. Sehen Sie es als Ihre persönliche Erfolgskontrolle. Schauen Sie erst später auf die Lösungen. Die meisten Fragen sollten Sie ohnehin aus dem Kopf lösen können. Es sind Alltagsfragen eines bAV-Beraters. Im ersten Teil erhalten Sie einmal 20 Aufgaben mit Theorieaufgaben (Stand 2009), sowie später 5 Rechenaufgaben, die Sie mit Ihrem BWK Business® lösen.

Kleiner Tipp: Legen Sie eine Stoppuhr neben die Aufgaben. Lösen Sie dann die Aufgaben mit Bleistift, sodass Sie den Test nach radieren wiederholen können. Legen Sie den Test (insbesondere die Rechenaufgaben) regelmäßig ab und vergleichen Sie die Zeiten.

Nun nehmen Sie ein Blatt Papier, (Blei-)Stift und Ihren BWK Business®. Und los geht's!

Aufgabe 1

Wie viel kann ein Arbeitnehmer im Jahr 2010 in eine Direktversicherung nach § 3 Nr. 63 EStG entgeltlich umwandeln,

a) wenn schon ein Jahresbeitrag von 1.752 Euro in eine Direktversicherung nach § 40b EStG investiert wird?

b) wenn bisher keine bAV abgeschlossen wurde?

Aufgabe 2

Welche Produkte bieten einem Arbeitnehmer beim Altersvorsorgeaufbau ausreichenden Schutz im Falle einer längeren Arbeitslosigkeit (Hartz IV), sodass seine Verträge unangetastet bleiben?

Aufgabe 3

Ein Arbeitnehmer möchte sich statt einer Rente zu Rentenbeginn Kapital in einer Summe auszahlen lassen. Bei welchen der folgenden Produkte ist das möglich?

- ☐ Pensionskasse nach § 3 Nr. 63 EStG
- ☐ Rürup-/Basis-Rente
- ☐ Riester
- ☐ Direktversicherung nach § 40b EStG
- ☐ Pensionsfonds

Aufgabe 4

Die Politik hat die Portabilität von betrieblichen Altersvorsorgeprodukten verbessert. Welche Aussagen sind hierzu richtig?

- ☐ Es besteht ein Rechtsanspruch auf Übertragung für den Arbeitnehmer.
- ☐ Es besteht der Anspruch für einen Arbeitnehmer, den bAV-Vertrag jederzeit auf eine andere Versicherungsgesellschaft zu übertragen.
- ☐ Portabilität: Der Übertragungswert wird auf einen versicherungsartigen Übertragungsweg übertragen.
- ☐ Portabilität: Die bestehende Zusage wird auf den neuen Arbeitgeber übertragen (Schuldbeitritt).

Aufgabe 5

Wann kann ein Arbeitnehmer bei vorzeitigem Ruhestand seine Altersleistungen der bAV in Anspruch nehmen? Welche Aussagen dazu treffen zu?

- ☐ Es besteht immer ein Anspruch, die Versorgungsleistungen ab Vollendung des 63. Lebensjahr zu erhalten.
- ☐ Es besteht Anspruch die Versorgungsleistungen der bAV zu erhalten, wenn ein Arbeitnehmer vor dem regulären Renteneintritt mit dem 67. Lebensjahr eine gesetzliche Altersrente bezieht.
- ☐ Einem Arbeitnehmer steht eine vorzeitige Rente in zugesagter Höhe zu.
- ☐ Es besteht kein Anspruch die Versorgungsleistungen der bAV zu erhalten, wenn ein Arbeitnehmer vor dem regulären Renteneintritt mit dem 67. Lebensjahr eine gesetzliche Teilrente aus der gesetzlichen Rentenversicherung erhält.
- ☐ Die Versorgungsleistungen der bAV können jederzeit vom Arbeitnehmer gekündigt und ausgezahlt werden.

Aufgabe 6

Wird von einem Arbeitgeber ein Durchführungsweg gewählt, der über den Pensionssicherungsverein (PSV) versicherungspflichtig ist, ist eine Mitgliedschaft beim PSV Pflicht des Arbeitgebers. Welche Antwortmöglichkeiten sind richtig?

☐ Der PSV kommt grundsätzlich für alle laufenden Leistungen bei Insolvenz des Arbeitgebers auf.

☐ Der PSV kommt für alle gesetzlichen Anwartschaften und laufenden Leistungen bei Insolvenz des Arbeitgebers auf.

☐ Sollte der Arbeitgeber weniger als zwei Jahre Beiträge entrichtet haben, so leistet der PSV nicht.

☐ Arbeitnehmer eines insolventen Arbeitgebers haben gegenüber dem PSV einen direkten Anspruch.

☐ Hat ein insolventer Arbeitgeber keine Beiträge an den PSV gezahlt, so leistet dieser trotzdem.

Aufgabe 7

Kreuzen Sie die richtigen Aussagen hinsichtlich der Förderung nach § 3 Nr. 63 EStG an.

- ☐ Wurde eine Versorgungszusage nach dem 01.01.2005 erteilt und der Arbeitnehmer nutzt keine Lohnsteuerpauschalierung gemäß § 40b EStG, kann jährlich ein Festbetrag von bis zu 1.800 Euro genutzt werden.
- ☐ Maximal 4 Prozent der Beitragsbemessungsgrenze können steuerfrei, jedoch sozialversicherungspflichtig in einen versicherungsartigen Durchführungsweg entgeltlich umgewandelt werden.
- ☐ Maximal 4 Prozent der Beitragsbemessungsgrenze können steuerfrei in einen der fünf Durchführungswege steuerfrei investiert werden.
- ☐ Es kann eine Direktversicherung nach § 3 Nr. 63 EStG zusätzlich abgeschlossen werden, auch wenn bereits eine Direktversicherung nach § 40b EStG mit einem Jahresbeitrag in Höhe von 1.752 Euro besteht.

Aufgabe 8

Seit dem 01.01.2005 ist nach § 3 Nr. 63 EStG zusätzlich ein jährlicher Festbetrag von 1.800 Euro über Entgeltumwandlung möglich. Kreuzen Sie die richtigen Aussagen an.

☐ Auch wenn der Arbeitnehmer bereits eine Direktversicherung nach § 40b EStG abgeschlossen hat, hat er zusätzlich Anspruch auf den Festbetrag.

☐ Es muss sich um eine Neuzusage handeln, die nach dem 01.01.2005 abgeschlossen wurde, damit ein Anspruch auf den Festbetrag besteht.

☐ Wird eine Lohnsteuerpauschalierung nach § 40b EStG genutzt, so besteht kein Anspruch auf die Festzusage.

☐ Ein Arbeitnehmer hat das Wahlrecht, ob ein jährlicher Festbetrag oder maximal 4 Prozent der Beitragsbemessungsgrenze in einen versicherungsartigen Durchführungsweg investiert wird.

☐ Der Festbetrag ist steuerfrei, jedoch sozialversicherungspflichtig.

Aufgabe 9

Wie werden Auszahlungen aus einer Direktversicherung nach § 3 Nr. 63 EStG steuerlich und sozialversicherungsrechtlich behandelt?

☐ Lebenslange Renten werden nachgelagert in der Einkunftsart „Einkünfte aus nicht selbstständiger Arbeit" versteuert.

☐ Renten- und Kapitalleistungen werden in der Einkunftsart „Sonstige Einkünfte" versteuert.

☐ Regelmäßige Renten werden mit dem Ertragsanteil versteuert. Einmalauszahlungen sind unter bestimmten Voraussetzungen steuerbegünstigt.

☐ Auf Betriebsrenten besteht Krankenversicherungspflicht und nur Einmalzahlungen unterliegen der nachgelagerten Besteuerung.

☐ Lebenslange Renten werden nachgelagert in der Einkunftsart „Sonstige Einkünfte" versteuert. Es kann der Versorgungsfreibetrag angesetzt werden.

☐ Renten- und Kapitalleistungen sind kranken- und pflegeversicherungspflichtig.

Aufgabe 10

Wann kann die Pauschalbesteuerung bei Direktversicherungsverträgen nach § 40b EStG auch noch ab 01.01.2005 in Anspruch genommen werden?

☐ Sie kann grundsätzlich nur für vor dem 01.01.2005 abgeschlossene Direktversicherungsverträge nach § 40b EStG weiterhin genutzt werden.

☐ Sofern ein Arbeitnehmer aktiv der neuen Fördermöglichkeit widersprochen hat, kann ein Direktversicherungsvertrag nach § 40b EStG, der „3.63-fähig" ist, auch mit Pauschalbesteuerung fortgeführt werden.

☐ Wenn es sich um einen der Durchführungswege Pensionskasse oder Direktversicherung handelt.

☐ Es kann auch ab dem 01.01.2005 die alte Vervielfältigungsregel angewandt werden, sofern ein „aktiver" Direktversicherungsvertrag nach § 40b EStG besteht.

Aufgabe 11

Für welche Arbeitgeber ist eine Unterstützungskasse interessant?

- ☐ Arbeitgeber, die gern jährlich variable Zahlungen leisten wollen.
- ☐ Arbeitgeber mit geringer Mitarbeiterfluktuation.
- ☐ Arbeitgeber, die Mitarbeitern eine Versorgung mit hoher Beitragssumme anbieten wollen (oberhalb 4 Prozent der BBG).
- ☐ Arbeitgeber mit Mitarbeitern mit Durchschnittseinkommen in Höhe von 20.000 bis 30.000 Euro.
- ☐ Arbeitgeber, die Rückstellungen in der Bilanz bilden wollen (Rückgedeckte Unterstützungskasse).

Aufgabe 12

Welche Aussagen stimmen zum Sozialversicherungsrecht bei einer Unterstützungskasse?

- ☐ Zuwendungen sind in unbegrenzter Höhe – bei einer Unterstützungskasse mit Gehaltsumwandlung – von der Sozialversicherung befreit.
- ☐ In der Ansparphase sind Zuwendungen für Unterstützungskassen sozialversicherungspflichtig.
- ☐ Zuwendungen für den Arbeitgeber sind unbegrenzt sozialversicherungsfrei, sofern es sich um eine firmenfinanzierte Unterstützungskasse handelt.
- ☐ Auszahlungen, wie Betriebsrenten, aus einer Unterstützungskasse sind ggf. kranken- und pflegeversicherungspflichtig.
- ☐ Zuwendungen sind bis zu 4 Prozent der Beitragsbemessungsgrenze – bei einer Unterstützungskasse mit Gehaltsumwandlung – von der Sozialversicherung befreit.

Aufgabe 13

Welche Aussagen stimmen zum Steuerrecht bei einer Unterstützungskasse in der Rentenphase?

- ☐ Volle Steuerpflicht der Renten in der Einkunftsart „Einkünfte aus nicht selbstständiger Arbeit“.
- ☐ Progressionsmildernde Fünftelungsregelung auf Antrag bei Einmalzahlungen anwendbar.
- ☐ Renten werden in der Einkunftsart „Sonstige Einkünfte“ voll versteuert.
- ☐ Progressionsmildernde Fünftelungsregelung auf Antrag bei Renten- und Einmalzahlungen anwendbar.
- ☐ Der Versorgungsfreibetrag gem. § 19 EStG kann bei nachgelagert besteuerten Renten angesetzt werden.

Aufgabe 14

Kann ein Gesellschafter einer Personengesellschaft einer Unterstützungskasse beitreten und können für ihn Leistungen steuerwirksam abgesetzt werden?

- ☐ Gesellschafter können keiner U-Kasse beitreten, da es sich um eine Personengesellschaft handelt.
- ☐ Gesellschafter kann Zugehöriger einer U-Kasse sein und Leistungen können für ihn gemäß § 4c EStG steuerlich geltend gemacht werden.
- ☐ Steuer- und Sozialversicherungsfreiheit der Zuwendungen in unbegrenzter Höhe in der Ansparphase für einen Gesellschafter.
- ☐ Gesellschafter kann Zusage aus der U-Kasse erhalten, jedoch sind seine Zuwendungen nicht als Betriebsausgaben gem. § 4d EStG abzugsfähig.

Aufgabe 15

Wie werden Zuwendungen an rückgedeckte Unterstützungskassen steuerlich für Arbeitnehmer behandelt?

- ☐ Eine Investition des Festbetrags von jährlich 2.520 Euro kann ein Arbeitnehmer mit Förderung nach § 3 Nr. 63 EStG in die Unterstützungskasse tätigen.
- ☐ Jährlich unbegrenzt variable Beiträge können Arbeitnehmer in die Unterstützungskasse investieren.
- ☐ Zuwendungen sind für Arbeitnehmer in unbegrenzter Höhe von Steuer und Sozialversicherung befreit.
- ☐ Die Höhe der Zuwendungen sind unbegrenzt. Jedoch ist die Betrachtung der Leistungsgrenzen der Körperschaftsteuerdurchführungsverordnung notwendig.
- ☐ Zuwendungen per Entgeltumwandlungen sind bis zu 4 Prozent der Beitragsbemessungsgrenze sozialversicherungsfrei (bis zum 31.12.2008).

Aufgabe 16

Was ist eine Pensionszusage?

- ☐ Ein schriftliches Versprechen eines Arbeitgebers an einen Arbeitnehmer, in der Zukunft Versorgungsleistungen auszuzahlen.
- ☐ Ein schriftlicher und rechtsverbindlicher Vertrag zwischen einem Versicherer und einem Unternehmen.
- ☐ Ein schriftlicher und rechtsverbindlicher Vertrag zwischen einem Unternehmen und dessen Arbeitnehmer.
- ☐ Die Pensionszusage entsteht ab der Bildung der ersten Pensionsrückstellung in der Bilanz des Unternehmens.

Aufgabe 17

Was stimmt hinsichtlich Pensionszusage und Rückdeckungsversicherung?

☐ Rückdeckungsversicherung und Pensionszusage stehen im engen Zusammenhang, doch es gibt klare fundamentale Unterschiede.

☐ Die Pensionszusage muss über eine Rückdeckungsversicherung finanziert werden.

☐ Die Pensionszusage ist ein mittelbarer Durchführungsweg der bAV.

☐ Die Rückdeckungsversicherung ist ein unmittelbarer Durchführungsweg der bAV.

☐ Um die Versorgungsverpflichtungen des Arbeitgebers zu erfüllen, stellt die Rückdeckungsversicherung die finanziellen Mittel zur Verfügung.

Aufgabe 18

Der Arbeitgeber entscheidet frei über die Finanzierung der Pensionszusage. Was stimmt in diesem Zusammenhang?

- ☐ Für die gesamten Versorgungsleistungen muss der Arbeitgeber eine Rückdeckungsversicherung abschließen.
- ☐ Der Arbeitgeber ist gesetzlich nicht verpflichtet, wie er die Rückdeckungsversicherung auszugestalten hat.
- ☐ Eine kongruente Rückdeckung, aber auch eine Teilrückdeckung ist möglich.
- ☐ Die Notwendigkeit Pensionsrückstellungen in der Bilanz zu bilden, fällt beim Abschluss einer Rückdeckungsversicherung weg.

Aufgabe 19

Eine Pensionszusage wirkt sich ebenso bilanziell aus. Eine Pensionsrückstellung ist eine ...

☐ Steuererhöhung

☐ Liquiditätsminderung

☐ Gewinnerhöhung

☐ Gewinnminderung

Aufgabe 20

Wie sieht es mit der Gleichbehandlung von Arbeitnehmern aus? Kann ein Unternehmen Versorgungen mit unterschiedlich hohen arbeitgeberfinanzierten Beträgen abschließen?

- ☐ Ja, die Höhe kann frei variieren, da das Unternehmen Versicherungsnehmer und Beitragszahler ist.
- ☐ Nein, das widerspricht dem Gleichbehandlungsgrundsatz. Jeder Mitarbeiter (unabhängig von Funktion und Status) muss die gleiche Versorgung erhalten.
- ☐ Nein, die gemeinsame Versorgung muss mit einheitlichem Betrag erfolgen.
- ☐ Ja, eine Staffelung ist möglich. Das Unternehmen muss jedoch objektiven Kriterien folgen.

Aufgabe 21

Die meist älteren Arbeitnehmer in einem Unternehmen sind durch die Rentenumstellung auf das Renteneintrittsalter mit 67 immer noch stark demotiviert. Als Berater haben Sie die Gespräche auf den Fluren der Betriebsstätte der meist älteren Arbeitnehmer mithören und -führen können. Viele hatten sich schon auf den Renteneintritt mit dem 65. Lebensjahr gefreut. Sie denken direkt an die firmenspezifischen Daten: Zurzeit liegt das Durchschnittsalter im Unternehmen bei 47,5 Jahren. Waren es noch durchschnittlich 17,5 Jahre bis zum wohlverdienten Ruhestand mit dem 65. Lebensjahr, sind es nun 19,5, was die Mehrheit schockt und die Politik an den Pranger stellt. Sie hören sich die Gespräche interessiert an. Daraufhin bieten Sie dem Geschäftsführer eine Motivationsmöglichkeit für seine Mitarbeiter an. Ein Zeitwertkonto, welches vom 65. bis zum 67. Lebensjahr durchgängig das Durchschnittsbruttogehalt von 3.700 Euro zahlt.

a) Welchen monatlichen Beitrag müssen die Mitarbeiter in den 17,5 Jahren regelmäßig bei angenommenen 4,5 Prozent p. a. Anlagezins monatlich in das Zeitwertkonto einzahlen?

b) Für die Profis: Welchen Effektivzins erzielt ein Arbeitnehmer mit dem Zeitwertkonto aus a)? Zusatzinfos: Bei einem Bruttogehalt von 3.700 Euro werden netto 2.134 Euro netto ausgezahlt (Steuerklasse I, keine Kirchensteuerpflicht). Die Förderquote durch Entgeltumwandlung entspricht rund 52 Prozent. Das heißt: Vom Bruttobeitrag trägt der Arbeitnehmer lediglich 48 Prozent.

Aufgabe 22

Ein Unternehmen mit 50 Mitarbeitern hat zum 31.12.2008 folgende Bilanz:

Anlagevermögen 15.000.000 €	Eigenkapital 10.000.000 €
Umlaufvermögen 5.000.000 €	Verbindlichkeiten 6.000.000 €
	Pensionsrückstellungen 4.000.000 €
Summe 20.000.000 €	Summe 20.000.000 €

Die Pensionsrückstellungen in dieser Bilanz wurden nach dem Teilwertprinzip berechnet. Durch das Bilanzrechtsmodernisierungsgesetz sind diese nun neu zu berechnen.

- Die Arbeitnehmer gehen in durchschnittlich 20 Jahren in Rente.
- Festzusage von 1.500 Euro monatlicher Rente für jeden der 50 Mitarbeiter.
- Rentenbezugsdauer: 21 Jahre.
- Bisheriger Rechnungszins: 6 Prozent
- Rentenauszahlungszins: 4 Prozent
- Keine Gehaltssteigerungen; keine Rentensteigerungen wurden beachtet.

Die neue Berechnung ist mit folgenden Faktoren durchzuführen:

- Festzusage von 1.500 Euro monatlicher Rente, jedoch enthält diese jährliche Rentensteigerungen von 3 Prozent.
- Rentenbezugsdauer: 27 Jahre
- Rechnungszins: 4,5 Prozent
- Rentenauszahlungszins: 4 Prozent
- Keine Gehaltssteigerungen

a) Überprüfen Sie die Rückstellung in der Bilanz des Unternehmens.

b) Wie hoch ist die aktuelle Eigenkapitalquote des Unternehmens?

c) Wie hoch ist die Rückstellung nach Anwendung von BilMoG?

d) Wie hoch ist die Eigenkapitalquote nach der Anwendung von BilMoG?

e) BilMoG erlaubt, die Rückstellungserhöhung über 15 Jahre zu verteilen. Wie hoch wird dann der Gewinn jährlich vermindert?

Aufgabe 23

Für eine Pensionszusage wird eine Rückdeckungsversicherung per Einmalbeitrag abgeschlossen. Folgende Daten sind vorhanden:

- Einmalbeitrag: 250.000 Euro
- Auszahlungsbeginn: in 10 Jahren, mit dem 65. Lebensjahr
- Garantierte Rente: monatlich 1.262,25 Euro
- Garantierte Kapitalabfindung: 297.086,91 Euro
- Rente mit Überschuss: monatlich 1.497,13 Euro
- Kapitalabfindung mit Überschuss: 346.129,64 Euro
- prognostizierte Rentensteigerung: 1,5 Prozent p.a.

a) Mit welchem Garantiezins wird für die garantierte Kapitalabfindung gerechnet?

b) Mit welchem Zins, inklusive Überschüsse, wird gerechnet?

c) Kapitalabfindung oder Rente? Bis zu welchem Lebensjahr müsste der Arbeitnehmer leben, um einen Zins von 3,5 Prozent bei der garantierten Rente oder Rente mit Überschuss zu erzielen?

Aufgabe 24

Ein Arbeitnehmer, 35 Jahre jung, hat ein heutiges Bruttoeinkommen von 2.500 Euro. Mit seinem Arbeitgeber hat er gerade in einer „Gehaltsrunde" eine Gehaltserhöhung um 100 Euro erzielen können. Bisher investiert er keine Beträge in die bAV und private Altersvorsorge möchte er nach der Gehaltserhöhung abschließen – in einen Riester-Vertrag, der ja „hohe staatliche Prämien" garantiert.

Bruttogehalt	2.500,00 €	2.600,00 €	+100,00 €
Steuern	–405,12 €	–435,97 €	
Sozialversicherung	–511,88 €	–532,35 €	
Nettogehalt	1.583,00 €	1.631,68 €	+48,68 €

a) Spart er die Nettogehaltserhöhung in Riester (angenommen, er erhält die volle Riester-Grundzulage von 154 Euro): Welches Endvermögen erreicht er mit dem 67. Lebensjahr bei einem angenommenen Effektivzins von 5 Prozent?

b) Spart er die Bruttogehaltserhöhung in den bAV-Durchführungsweg Direktversicherung: Welches Endvermögen erreicht er dann mit dem 67. Lebensjahr, wenn ebenso ein angenommener Effektivzins von 5 Prozent erzielt wird?

c) Vergleichen Sie beide Vermögen nach steuer- und sozialversicherungsrechtlichen Gesichtspunkten.

Aufgabe 25

Ein junger Arbeitnehmer, 22 Jahre jung, hat zurzeit ein Bruttoeinkommen von 1.500 Euro. Er erhält von seinem Arbeitgeber 14,90 Euro VL Zulage, welche seinen Bruttolohn auf 1.514,90 Euro erhöhen. Sie machen Arbeitgeber und Arbeitnehmer darauf aufmerksam, dass dadurch zusätzliche Steuern und Sozialversicherungsabgaben zu zahlen sind. Zudem erklären Sie dem Arbeitnehmer, dass er nur eine Förderung von maximal 20 Prozent auf VL-Sparen erhält, hingegen bei Entgeltumwandlung per bAV die Förderquoten bei rund 50 Prozent liegen. Er könnte etwa VL in AVWL umwandeln und anstatt mehr Steuer und Sozialversicherung weniger zahlen. Der Arbeitnehmer ist interessiert und möchte mehr erfahren, zum Beispiel über eine Entgeltumwandlung von monatlich 80 Euro, da sein Vater ihn ohnehin dazu drängt, privat vorzusorgen.

Hier seine Gehaltsaufstellung vor und nach Entgeltumwandlung:

	ohne bAV – mit VL	**mit bAV – (AVWL)**
Bruttolohn	1.500,00 €	1.500,00 €
– bAV-Beitrag	0,00 €	–65,10 €
+ VL-Arbeitgeberanteil	14,90 €	14,90 €
– AVWL-Beitrag	0,00 €	–14,90 €
Bruttolohn nach bAV/VL	1514,90 €	1434,90 €
– Steuern	–129,76 €	–103,99 €
– Sozialabgaben	–314,72 €	–298,10 €
– VL-Beitrag	–14,90 €	0,00 €
Summe der Abzüge	444,48 €	402,09 €
= Nettogehalt	1.055,52 €	1.032,81 €

a) Welches Vermögen erreicht er mit dem 67. Lebensjahr bei bAV und AVWL (Sparbeitrag 80 Euro) bei einer angenommenen Effektivverzinsung der Direktversicherung von 5 Prozent?

b) Welches Endvermögen erreicht er mit dem 67. Lebensjahr bei VL-Sparen, wenn er zusätzlich 22,71 Euro Eigenbeitrag (Unterschied Nettogehalt ohne/mit bAV) in den VL-Vertrag einzahlt? In den ersten sieben Jahren erhält er die Gesamtprämien der Arbeitnehmersparzulage von 560 Euro und sein VL-Fondssparen erzielt eine Rendite von 6,5 Prozent.

c) Vergleichen Sie beide Vermögen nach Steuer- und Sozialversicherungsrechtlichen Gesichtspunkten.

Lösungen

Lösung 1

a) 2.592 Euro

b) 2.592 Euro + einmalig 1.800 Euro

Lösung 2

- Riester
- Rürup
- betriebliche Altersvorsorgung

Lösung 3

- Pensionskasse nach § 3 Nr. 63 EStG
- Riester (Teilauszahlung von maximal 30 Prozent)
- Direktversicherung nach § 40b EStG
- Pensionsfonds (Teilauszahlung von maximal 30 Prozent)

Lösung 4

- Es besteht ein Rechtsanspruch auf Übertragung für den Arbeitnehmer.
- Portabilität: Der Übertragungswert wird auf einen versicherungsartigen Übertragungsweg übertragen.

Lösung 5

- Es besteht Anspruch die Versorgungsleistungen der bAV zu erhalten, wenn ein Arbeitnehmer vor dem regulären Renteneintritt mit dem 67. Lebensjahr eine gesetzliche Altersrente bezieht.
- Es besteht kein Anspruch die Versorgungsleistungen der bAV zu erhalten, wenn ein Arbeitnehmer vor dem regulären Renteneintritt mit dem 67. Lebensjahr eine gesetzliche Teilrente aus der gesetzlichen Rentenversicherung erhält.

Lösung 6

- Der PSV kommt für alle gesetzlichen Anwartschaften und laufenden Leistungen bei Insolvenz des Arbeitgebers auf.
- Arbeitnehmer eines insolventen Arbeitgebers haben gegenüber dem PSV einen direkten Anspruch.
- Hat ein insolventer Arbeitgeber keine Beiträge an den PSV gezahlt, so leistet dieser trotzdem.

Lösung 7

- Wurde eine Versorgungszusage nach dem 01.01.2005 erteilt und der Arbeitnehmer nutzt keine Lohnsteuerpauschalierung gem. § 40b EStG, kann jährlich ein Festbetrag von bis zu 1.800 Euro genutzt werden.
- Es kann eine Direktversicherung nach § 3 Nr. 63 EStG zusätzlich abgeschlossen werden, auch wenn bereits eine Direktversicherung nach § 40b EStG mit einem Jahresbeitrag in Höhe von 1.752 Euro besteht.

Lösung 8

- Es muss sich um eine Neuzusage handeln, die nach dem 01.01.2005 abgeschlossen wurde, damit ein Anspruch auf den Festbetrag besteht.
- Wird eine Lohnsteuerpauschalierung nach § 40b EStG genutzt, so besteht kein Anspruch auf die Festzusage.
- Der Festbetrag ist steuerfrei, jedoch sozialversicherungspflichtig.

Lösung 9

- Renten- und Kapitalleistungen werden in der Einkunftsart „Sonstige Einkünfte" versteuert.
- Renten- und Kapitalleistungen sind kranken- und pflegeversicherungspflichtig.

Lösung 10

- Sie kann grundsätzlich nur für vor dem 01.01.2005 abgeschlossene Direktversicherungsverträge nach § 40b EStG weiterhin genutzt werden.
- Sofern ein Arbeitnehmer aktiv der neuen Fördermöglichkeit widersprochen hat, kann ein Direktversicherungsvertrag nach § 40b EStG, der „3.63-fähig" ist, auch mit Pauschalbesteuerung fortgeführt werden.
- Es kann auch ab dem 01.01.2005 die alte Vervielfältigungsregel angewandt werden, sofern ein „aktiver" Direktversicherungsvertrag nach § 40b EStG besteht.

Lösung 11

- Arbeitgeber, mit geringer Mitarbeiterfluktuation.
- Arbeitgeber, die Mitarbeitern eine Versorgung mit hoher Beitragssumme anbieten wollen (oberhalb 4 Prozent der BBG)

Lösung 12

- Zuwendungen für den Arbeitgeber sind unbegrenzt sozialversicherungsfrei, sofern es sich um eine firmenfinanzierte Unterstützungskasse handelt.
- Auszahlungen, wie Betriebsrenten, aus einer Unterstützungskasse sind ggf. kranken- und pflegeversicherungspflichtig.
- Zuwendungen sind bis zu 4 Prozent der Beitragsbemessungsgrenze – bei einer Unterstützungskasse mit Gehaltsumwandlung – von der Sozialversicherung befreit.

Lösung 13

- Volle Steuerpflicht der Renten in der Einkunftsart „Einkünfte aus nicht selbstständiger Arbeit“.
- Progressionsmildernde Fünftelungsregelung auf Antrag bei Einmalzahlungen anwendbar.
- Der Versorgungsfreibetrag gem. § 19 EStG kann bei nachgelagert besteuerten Renten angesetzt werden.

Lösung 14

- Gesellschafter kann Zusage aus der U-Kasse erhalten, jedoch sind seine Zuwendungen nicht als Betriebsausgaben gem. § 4d EStG abzugsfähig.

Lösung 15

- Die Höhe der Zuwendungen sind unbegrenzt. Jedoch ist die Betrachtung der Leistungsgrenzen der Körperschaftsteuerdurchführungsverordnung notwendig.
- Zuwendungen per Entgeltumwandlungen sind bis zu 4 Prozent der Beitragsbemessungsgrenze sozialversicherungsfrei (bis zum 31.12.2008).

Lösung 16

- Ein schriftliches Versprechen eines Arbeitgebers an einen Arbeitnehmer, in der Zukunft Versorgungsleistungen auszuzahlen.
- Ein schriftlicher und rechtsverbindlicher Vertrag zwischen einem Unternehmen und dessen Arbeitnehmer.

Lösung 17

- Rückdeckungsversicherung und Pensionszusage stehen im engen Zusammenhang, doch es gibt klare fundamentale Unterschiede.
- Um die Versorgungsverpflichtungen des Arbeitgebers zu erfüllen, stellt die Rückdeckungsversicherung die finanziellen Mittel zur Verfügung.

Lösung 18

- Der Arbeitgeber ist gesetzlich nicht verpflichtet, wie er die Rückdeckungsversicherung auszugestalten hat.
- Eine kongruente Rückdeckung, aber auch eine Teilrückdeckung ist möglich.

Lösung 19

- Gewinnminderung

Lösung 20

- Ja, eine Staffelung ist möglich. Das Unternehmen muss jedoch objektiven Kriterien folgen.

Lösungen zu den BWK Business® Rechenaufgaben

Lösung 21

a) Als Erstes muss der Barwert der Renten vom 65. bis 67. Lebensjahr ermittelt werden:

Eingabe	Display-anzeigen	Erklärung
12 P/YR	P/YR 12,00	Monatliche Auszahlungen – wie das Gehalt – aus dem Zeitwertkonto.
2 xP/YR	N 24,00	Die Renten werden zwischen dem 65. und 67. Lebensjahr gezahlt, also 24 Monate.
4,5 EFF%	I/YR NOM% 4,41	Es wird ein Effektivzins von 4,5 Prozent im Zeitwertkonto angenommen.
3 700 PMT	PMT 3.700,00	Die Rente über die zwei Jahre soll monatlich 3.700 Euro – gleich wie das Gehalt – betragen.
0 FV	FV 0,00	Nach den Rentenauszahlungen soll kein weiteres Kapital vorhanden bleiben.
PV	PV –84.847,71	Berechnung des Barwerts.

Lassen Sie nun alle Angaben im BWK Business® gespeichert. Sie kennen nun das Vermögen, welches vor Rentenbeginn zur Verfügung stehen muss. Nun gehen Sie direkt auf die Berechnung des Sparbeitrags in den nächsten 17,5 Jahren ein, um das Vermögen zu erreichen:

Eingabe	Display-anzeigen	Erklärung
RCL PV +/– FV	**FV 84.847,71**	Der Barwert der Renten wird als zu erreichendes Endvermögen gespeichert.
17,5 xP/YR	**N 210,00**	Durchschnittlich haben die Arbeitnehmer noch 17,5 Jahre bis zum 65. Lebensjahr.
0 PV	**PV 0,00**	Zu Beginn wird kein Einmalbetrag in das Zeitwertkonto gezahlt.
PMT	**PMT –268,70**	Berechnung der Sparrate.

Ergebnis: Der Durchschnittsmitarbeiter im Unternehmen muss rund 270 Euro monatlich entgeltlich in ein Zeitwertkonto umwandeln, um zwei Jahre früher in Rente zu gehen.

b) Für die Profis ist diese Berechnung gedacht, da es sich um zwei Zahlungsströme handelt, die verbindet werden müssen. Zu Kompliziert? Nein – es ist lediglich der Cashflow-Modus des BWK Business® anzuwenden. Doch vorher einige Grunddaten. Ein Durchschnittsarbeitnehmer hat eine Förderquote von 52 Prozent durch die Entgeltumwandlung. 48 Prozent von 268,70 Euro zahlt er netto aus eigener Tasche – das sind rund 129 Euro.

In der Rentenphase hat er dann – sofern die Steuer- und Sozialversicherungsbeitragssätze gleich bleiben – ein Nettoeinkommen von 2.134 Euro. Zusammengefasst:

17,5 Einzahlungsjahre: Monatlich fließen 129 Euro netto aus der Tasche.

2 Rentenjahre: Monatlich fließen 2.134 Euro netto in die Tasche.

Diesen einfachen Zahlungsstrom geben Sie nun in den Cashflow-Modus ein:

Eingabe	Display-anzeigen	Erklärung
12 P/YR	**P/YR 12,00**	Monatliche Zahlungsweise der Beiträge und Renten. Dieser Schritt muss vor dem Sprung in den Cashflow-Modus erfolgen.
CF	**CASHFLOW CF 00 0,00**	Starten des Cashflow-Modus.
▼ 129 +/–	**CASHFLOW CF 01 –129**	Drücken von Steuerkreuz unten, um in den ersten Cashflow zu gelangen. Dortige Eingabe des ersten Cashflows – der Zahlung des Nettobeitrags – von 129 Euro.
▶ 210	**CASHFLOW CFN 01 210**	Drücken von Steuerkreuz rechts, um in das Feld der Periodenanzahl für den 1. Cashflow 210 Monate (17,5 Jahre) einzugeben.
▼ 2 134	**CASHFLOW CF 02 2.134**	Drücken von Steuerkreuz unten, um in den zweiten Cashflow zu gelangen. Dortige Eingabe der Nettorentenzahlung von 2.134 Euro.
▶ 24	**CASHFLOW CFN 02 24**	Drücken von Steuerkreuz rechts, um in die Laufzeit des zweiten Cashflows zu gelangen. Dortige Eingabe der Rentenauszahlungsdauer von 24 Monaten.
▲▲▲ CALC	**CASHFLOW CF % 6,08**	Dreimaliges Drücken von Steuerkreuz oben, um in das Feld des Zinses CF % zu gelangen. Dortiges Drücken von CALC, um zu berechnen. Die Berechnung kann einige Sekunden in Anspruch nehmen.
EFF% (gedrückt halten)	**CASHFLOW CF% 6,25**	Gedrückthalten der Taste EFF %, um in den Effektivzins umzurechnen.
CF	**0,00**	Beenden des Cashflow-Modus.

Ergebnis: Der Arbeitnehmer erzielt durch den Zinseszinseffekt der Entgeltumwandlung einen Effektivzins von 6,25 Prozent. Das entspricht einem Plus gegenüber dem Zins des Anlageprodukts (4,5 Prozent) von 1,75 Prozent. Die staatliche Prämie ist ein Zinsplus von 1,75 Prozent. Das sollte ein klarer Anreiz und Motivation für die Arbeitnehmer sein.

Lösung 22

a) Um den Rückstellungswert der aktuellen Bilanz zu ermitteln, beginnen Sie mit der Berechnung in der Rentenzeit für einen Arbeitnehmer.

Eingabe	Display-anzeigen	Erklärung
12 P/YR	P/YR 12,00	Monatliche Rentenauszahlung.
21 xP/YR	N 252,00	In der aktuellen Bilanz wird eine Rentenbezugsdauer von 21 Jahren angenommen.
4 EFF%	I/YR NOM% 3,93	Der Rentenauszahlungszins wurde mit 4 Prozent angenommen.
1 500 PMT	PMT 1.500,00	Die Festzusage beträgt 1.500 Euro.
0 FV	FV 0,00	Nach 21 Rentenjahren soll kein Vermögen mehr zur Verfügung stehen.
PV	PV –257.121,72	Berechnung der Rückstellung zu Rentenbeginn für einen Arbeitnehmer.

Lassen Sie alle Angaben in Ihrem BWK Business® gespeichert. Nun erfolgt direkt die Berechnung der heutigen Rückstellung aus oben berechneten Werten.

Eingabe	Display-anzeigen	Erklärung
1 P/YR	**P/YR 1,00**	Jährliche Abzinsung der Rückstellung.
20 xP/YR	**N 20,00**	Bis zum Rentenbeginn beträgt die Durchschnittszeit der Arbeitnehmer 20 Jahre.
6 EFF%	**I/YR NOM% 6,00**	Der Teilwert-Zins wird in der aktuellen Bilanz mit 6 Prozent angenommen.
0 PMT	**PMT 0,00**	Keine regelmäßigen Zahlungen.
RCL PV +/– FV	**FV 257.121.72**	Abrufen der Rückstellung zu Rentenbeginn und speichern als Endwert.
PV	**PV –80.171,77**	Berechnung des aktuellen Rückstellungswerts.

Ergebnis: Nun kennen Sie die Rückstellung für einen Arbeitnehmer. Entsprechend für 50 Arbeitnehmer entspricht die Rückstellung in der Bilanz 4.000.000 Euro.

Hinweis: In der Realität wird jeder einzelne Arbeitnehmer individuell berechnet. Es werden keine Durchschnittswerte angenommen.

b) Die Berechnung der Eigenkapitalquote erfolgt mit einfachem Dreisatz:

$$\text{Eigenkapitalquote} = \frac{\text{Eigenkapital} \times 100}{\text{Bilanzsumme}}$$

$$\text{Eigenkapitalquote} = \frac{10.000.000 \times 100}{20.000.000}$$

$$\text{Eigenkapitalquote} = 50 \text{ Prozent}$$

c) Die Berechnung der Rückstellung nach BilMoG ist wie in a) zu berechnen, nur mit den geänderten Werten:

Eingabe	Display-anzeigen	Erklärung
12 P/YR	P/YR 12,00	Monatliche Rentenauszahlungen.
27 xP/YR	N 324,00	Rentenbezugsdauer von 27 Jahren.
4 EFF%	I/YR NOM% 3,93	Rentenauszahlungszins von 4 Prozent.
1 500 P/D	P/D 1.500,00	Rentenauszahlung von 1.500 Euro zu Beginn.
3 %D	%D 3,00	Steigerung der Renten um 3 Prozent.
12 SHIFT %D	xD 12,00	Jährlich, also jede 12 Monate erhöht sich die Rente.
0 FV	FV 0,00	Am Ende soll keine Schlussrentenzahlung gezahlt werden.
PV	PV –420.840,11	Berechnung des Barwerts zu Rentenbeginn.

Lassen Sie alle Angaben im BWK Business® gespeichert. In 20 Jahren muss die Rückstellung also rund 421.000 Euro betragen. Nun berechnen Sie den heutigen Barwert in wenigen Schritten:

Eingabe	Display-anzeigen	Erklärung
1 P/YR	P/YR 1,00	Die Rückstellung wird jährlich abgezinst.
20 xP/YR	N 20,00	Bis zum Rentenbeginn vergehen noch 20 Rückstellungsjahre.
4,5 EFF%	I/YR NOM% 4,50	Der Rechnungszins beträgt 4,5 Prozent.
RCL PV +/– FV	FV 420.840,11	Die Rückstellung zu Rentenbeginn wird abgerufen und als neuer Endwert gespeichert.
0 P/D	P/D 0,00	Keine regelmäßigen Zahlungen.
PV	PV –174.498,34	Berechnung des Barwerts – der heutigen Rückstellung.

Die Rückstellung pro Mitarbeiter hat sich also mehr als verdoppelt. Bei 50 Mitarbeitern ergibt sich eine Pensionsrückstellung von 8.725.000 Euro. Die Pensionsrückstellung steigt von 4 Millionen Euro auf 8,725 Millionen Euro an.

d) Die Berechnung der Eigenkapitalquote ergibt sich aus der Formel in b). Doch vorerst müssen wir das neue Eigenkapital berechnen. Dieses reduziert sich aufgrund der höheren Pensionsrückstellung um 4,725 Millionen Euro, auf 5,275 Millionen Euro.

$$\text{Eigenkapitalquote} = \frac{\text{Eigenkapital} \times 100}{\text{Bilanzsumme}}$$

$$\text{Eigenkapitalquote} = \frac{5{,}275\ \text{Mio.} \times 100}{20\,\text{Mio.}}$$

$$\text{Eigenkapitalquote} = 26,\ 375\ \text{Prozent}$$

Ergebnis: Die doch hohe Eigenkapitalquote von 50 Prozent reduziert sich fast um die Hälfte, aufgrund der Auswirkungen von BilMoG.

e) Die Rückstellungserhöhung von 4,725 Millionen Euro muss nicht in einem Schlag in die Bilanz aufgenommen werden. Sie kann über 15 Jahre verteilt werden. Jährlich vermindert sich der Gewinn dadurch um 315.000 Euro. Eine wahrlich negative Auswirkung.

Lösung 23

a) Ermittlung des Garantiezinses:

Eingabe	Display-anzeigen	Erklärung
1 P/YR	**P/YR 1,00**	Jährliche Verzinsung des Einmalkapitals.
10 xP/YR	**N 10,00**	Bis zum Renteneintritt vergehen 10 Jahre.
250 000 +/– PV	**PV –250.000,00**	Einmalzahlung von heute 250.000 Euro.
0 PMT	**PMT 0,00**	Keine regelmäßigen Ein- und Auszahlungen.
297 086,91 FV	**FV 297.086,91**	Die garantierte Kapitalabfindung beträgt 297.086,91 Euro.
I/YR	**I/YR NOM% 1,74**	Berechnung des Nominal-/Effektivzins (aufgrund des jährlichen P/YR sind Nominal- und Effektivzins gleich).

Lassen Sie alle Angaben in Ihrem BWK Business® gespeichert. Mit diesen Werten wird in der Folgeberechnung b) weitergerechnet.

Ergebnis: Die Rückdeckungsversicherung rechnet mit einem Garantiezins von 1,74 Prozent.

b) Berechnung des Überschusszinses:

Eingabe	Display-anzeigen	Erklärung
346 129,64 FV	FV 346.129,64	Eingabe der Kapitalabfindung mit Überschüssen.
I/YR	I/YR NOM% 3,31	Berechnung des Nominal-/Effektivzins.

Ergebnis: Die Rückdeckungsversicherung rechnet mit einem Zins inkl. Überschüsse von 3,31 Prozent.

c) Berechnung der Mindestlebensdauer für eine Rente: Hier wird die Kapitalauszahlung zu Beginn in Relation zu der Lebensdauer und damit die gesamten Rentenauszahlungen gesetzt.

1. Garantierte Rente – bei gleich bleibenden Renten:

Eingabe	Display-anzeigen	Erklärung
12 P/YR	P/YR 12,00	Monatliche Auszahlung der Renten.
3,5 EFF%	I/YR NOM% 3,45	Der Arbeitnehmer möchte in der Rentenphase einen Effektivzins von 3,5 Prozent erzielen.
297 086,91 +/– PV	PV –297.086,91	Zu Beginn der Rentenzeit könnte sich der Arbeitnehmer die Kapitalabfindung auszahlen lassen.
1 262,25 PMT	PMT 1.262,25	Die garantierte Rente beträgt zu Beginn 1.262,25 Euro und bleibt dann gleich – Annahme.
0 FV	FV 0,00	Bei Tod wird keine Kapitalabfindung gezahlt.
N	N 392,81	Berechnung der Laufzeit in Perioden.
RCL xP/YR	xP/YR 32,73	Abrufen der Anzahl in Jahre.

Lassen Sie alle Angaben in Ihrem BWK Business® gespeichert. Im Folgenden wird damit weitergerechnet.

Ergebnis 1: Der Arbeitnehmer müsste rund 33 Jahre nach Rentenbeginn leben, um einen Zins von 3,5 Prozent zu erzielen. Sprich: Er muss bis zum 98. Lebensjahr leben.

2. Rente mit Überschüssen – sowie Rentensteigerungen von 1,5 Prozent:

Eingabe	Display-anzeigen	Erklärung
346 129,64 +/– PV	**PV -346.129,64**	Die Kapitalabfindung inkl. Überschüsse könnte zu Beginn ausgezahlt werden.
1 497,13 P/D	**P/D 1.497,13**	Die anfängliche Rente inkl. Überschüsse könnte 1.497,13 Euro betragen, die dann jährlich ansteigt.
1,5 %D	**%D 1,50**	Die Steigerungsrate beträgt 1,5 Prozent.
12 SHIFT %D	**xD 12,00**	Die Steigerung erfolgt jährlich, also alle 12 Monate.
N	**N 294,00**	Berechnung der Laufzeit in Perioden (Monaten). Die Berechnung kann aufgrund der Dynamik ein wenig Zeit in Anspruch nehmen. „CALCULATING“ steht im Display.
RCL xP/YR	**xP/YR 24,50**	Umrechnung in Jahre.

Ergebnis: Bei der Rente inkl. Überschüsse und den Rentensteigerungen müsste der Arbeitnehmer nach Rentenbeginn noch 24,5 Jahre leben, damit die Rente vorteilhafter ist. Sprich: Rund bis zum 90. Lebensjahr.

Lösung 24

a) Berechnung des Endvermögens im Riester-Vertrag:

1. Endvermögen aus Eigenleistungen:

Eingabe	Display-anzeigen	Erklärung
12 P/YR	**P/YR 12,00**	Monatliche Einzahlungen.
32 xP/YR	**N 384,00**	Bis zum 67. Lebensjahr sind es noch 32 Sparjahre.
5 EFF%	**I/YR NOM% 4,89**	Der angenommene Anlagezins beträgt 5 Prozent.
0 PV	**PV 0,00**	Keine Einmalanlage zu Beginn.
48,68 +/– PMT	**PMT –48,68**	Aus der Nettogehaltserhöhung kann der Arbeitnehmer 48,68 Euro monatlich sparen.
FV	**FV 44.985,71**	Berechnung des Endvermögens aus Eigenleistungen.

Aus Eigenleistungen erreicht der Arbeitnehmer ein Vermögen von rund 45.000 Euro.

2. Endvermögen aus Riester-Zulagen:

Eingabe	Display-anzeigen	Erklärung
1 P/YR	**P/YR 1,00**	Jährliche Riester-Zulagen.
32 xP/YR	**N 32,00**	Bis zum 67. Lebensjahr sind es noch 32 Sparjahre, in denen er die Riester-Zulage erhält.
5 EFF%	**I/YR NOM% 5,00**	Der angenommene Anlagezins beträgt 5 Prozent.
0 PV	**PV 0,00**	Keine Einmalanlage zu Beginn.
154 +/– PMT	**PMT –154,00**	Die jährliche Riester-Grundzulage beträgt 154 Euro.
FV	**FV 11.596,02**	Berechnung des Endvermögens aus Riester-Zulagen.

Endvermögen aus Eigenleistungen:	44.985,71 Euro
Endvermögen aus Riester-Zulagen:	11.596,02 Euro
Gesamtvermögen im Riester-Vertrag::	56.581,73 Euro

Ergebnis: Im Riester-Vertrag kommen rund 56.500 Euro zustande.

b) Endvermögen in der Direktversicherung:

Eingabe	Display-anzeigen	Erklärung
12 P/YR	P/YR 12,00	Monatliche Einzahlungen in die Direktversicherung.
32 xP/YR	N 384,00	Bis zum 67. Lebensjahr vergehen noch 32 Einzahlungsjahre.
5 EFF%	I/YR NOM% 4,89	Angenommener Effektivzins von 5 Prozent.
0 PV	PV 0,00	Keine Einmalzahlung zu Beginn.
100 +/– PMT	PMT –100,00	Monatlich werden 100 Euro entgeltlich umgewandelt.
FV	FV 92.411,07	Berechnung des Endvermögens.

Ergebnis: Mit dem 67. Lebensjahr sollten in der Direktversicherung rund 92.000 Euro zur Verfügung stehen.

c) Der Vergleich von Riester und bAV ist recht simpel. In der Direktversicherung nach bAV stehen dem Arbeitnehmer rund 36.000 Euro mehr zur Verfügung. Beide Einkommensarten werden nachgelagert zu 100 Prozent voll besteuert. Das ist in beiden Wegen gleich. In der bAV fällt zusätzlich auf die Auszahlungen Kranken- und Pflegeversicherungsbeiträge von voraussichtlich 16 Prozent an. Sind 92.000 Euro die Grundlage, so werden 14.720 Euro Sozialversicherungsbeiträge fällig. Es bleibt noch ein monetärer Vorteil der Direktversicherung als bAV von 21.000 Euro.

Ergebnis: Der Arbeitnehmer sollte sich überlegen, ob er aus seinem Nettolohn weitere Altersvorsorgeverträge abschließt oder erst einmal die 4 Prozent der BBG als Entgeltumwandlung ausnutzt.

Lösung 25

a) Endvermögen aus Direktversicherung bAV:

Eingabe	Display-anzeigen	Erklärung
12 P/YR	P/YR 12,00	Monatliche Entgeltumwandlung.
45 xP/YR	N 540,00	Bis zum 67. Lebensjahr hat der Arbeitnehmer noch 45 Sparjahre.
5 EFF%	I/YR NOM% 4,89	Angenommener Effektivzins von 5 Prozent.
0 PV	PV 0,00	Keine Einmalanlage zu Beginn.
80 +/– PMT	PMT –80,00	Monatliche Entgeltumwandlung von 80 Euro.
FV	FV 156.794,60	Berechnung des Endvermögens.

Ergebnis: Der Arbeitnehmer erzielt bis zum 67. Lebensjahr in der Direktversicherung ein Endvermögen von rund 157.000 Euro.

b) Endvermögen des VL-Sparplans.

1. Schritt: 1. – 7. Sparjahr:

Eingabe	Display-anzeigen	Erklärung
12 P/YR	P/YR 12,00	Monatliche Sparweise.
7 xP/YR	N 84,00	Berechnung des ersten Zeitraums von 7 Jahren – bis zur Prämienauszahlung.
6,5 EFF%	I/YR NOM% 6,31	Das VL-Fondsparen erzielt eine Rendite von 6,5 Prozent.
0 PV	PV 0,00	Keine Einmalanlage zu Beginn.
22,71 + 14,9 = +/– PMT	PMT –37,61	Er zahlt einen Eigenbeitrag von 22,71 und zusätzlich 14,90 Euro Arbeitgeberanteil in den VL-Sparplan – insgesamt also 37,61 Euro.
FV	FV 3.959,83	Berechnung des Endvermögens.

Lassen Sie alle Angaben im BWK Business® gespeichert.

Nun erhält der Sparer die Arbeitnehmersparzulage von 560 Euro auf das Endvermögen nach 7 Jahren gezahlt:

Endvermögen aus Eigenleistungen:	3.959,83 Euro
+ Arbeitnehmersparzulage:	560,00 Euro
Gesamtvermögen nach 7 Jahren in Fonds::	4.519,83 Euro

2. Schritt: 8. – 45. Sparjahr:

Eingabe	Display-anzeigen	Erklärung
38 xP/YR	**N** **456,00**	Es sind noch weitere 38 Sparjahre.
4 519,83 +/– PV	**PV** **–4.519,83**	Das Gesamtvermögen in Fonds beträgt am Ende des 7. Jahres 4.519,83 Euro.
FV	**FV** **120.575,67**	Berechnung des Endvermögens nach 45 Sparjahren.

Ergebnis: Nach 45 Sparjahren erzielt der VL-Sparer ein Endvermögen von rund 120.500 Euro.

c) Vergleich von Direktversicherung per bAV und VL-Fondssparen:

1. Direktversicherung bAV: Diese wird nachgelagert besteuert mit dem jeweils gültigen Einkommensteuersatz. Für dieses Beispiel nehmen wir den Steuersatz von 30 Prozent an und auch die Vereinfachung, als würde er sich das Vermögen einmalig auszahlen lassen. Zusätzlich fallen voraussichtlich rund 16 Prozent Kranken- und Pflegeversicherungsbeiträge an.

Vermögen aus bAV:	157.000 Euro
– Steuersatz 30 %:	47.100 Euro
– KV/Pflg-Versicherung 16 %:	25.120 Euro
Nettovermögen:	84.780 Euro

Könnte sich der Kunde einmalig das Kapital auszahlen lassen, so verblieben ihm netto 84.780 Euro.

2. VL-Fondssparen: Hier werden „lediglich" die Gewinne mit Abgeltungsteuer (26,8 Prozent) versteuert. Hierzu müssen vom Gesamtvermögen die gesamten Einzahlungen abgezogen werden, um den Gewinn zu ermitteln. Im gesamten Zeitraum hat der Arbeitnehmer 20.309,40 Euro (= 540 Monate x 37,61 Euro) eingezahlt. Der Gewinn beträgt somit 100.266,27 Euro (= 120.575,67 Euro – 20.309,40 Euro).

Gewinn:	100.000 Euro
– Abgeltungsteuer 26,8 %:	26.800 Euro
Nettogewinn:	73.200 Euro
+ Einzahlungen:	20.300 Euro
Nettovermögen:	93.500 Euro

Im VL-Vertrag erhielte er ein rund 9.000 Euro höheres Vermögen als in der Direktversicherung. Zudem ist dieses Vermögen flexibler auszuzahlen.

Hinweis: *Dieses Beispiel sollte verdeutlichen, dass der Zinseszinseffekt nicht zu unterschätzen ist. Natürlich ziehen wir die AVWL per Entgeltumwandlung vor VL-Sparen, wie auch in den vorigen Kapiteln dieses Buches dargestellt.*

Kommunikation, Beziehung & Spitzenzustand im Verkauf – zwölf Gesetzmäßigkeiten für den Zustand Erfolg

Bernd W. Klöckner

Im Folgenden schreibe ich über einige wesentliche und entscheidende Gesetzmäßigkeiten für den Zustand Erfolg in Verkaufs- und Beratungsprozessen. Diese Gesetzmäßigkeiten gelten grundsätzlich. Und es sind die Gesetzmäßigkeiten, die Sie speziell in der Kommunikation mit Firmenkunden beachten könnten. Dabei gilt: Ob Sie glauben, die im Folgenden beschriebenen Gesetzmäßigkeiten sind wichtig oder ob Sie glauben, sie sind unwichtig, Sie haben in jedem Fall Recht. Konkret: Dieses Buch werden einige tausend Leser/innen lesen. Es ist also selbstverständlich, dass hin und wieder die eine Sache dem einen gefällt und der andere denkt oder sagt Dinge wie „Pah, damit kann ich wirklich nichts anfangen". Sie wissen, was ich meine. Die alles entscheidende Botschaft lautet: Suchen Sie sich das aus, was passt. Eines kann ich Ihnen, auch im Namen von Beate Kluckow und Werner Dütting, versprechen: Wenn Sie die in diesem Buch gezeigten Ideen, Gedanken und Gesprächsansätze wie Verkaufsansätze trainieren und anwenden – immer und immer wieder – und wenn Sie zudem an Ihrer eigenen EIN-Stellung arbeiten, werden Sie Ihren Erfolg maßgeblich steigern. Das ist alles. Damit komme ich zu einer ersten und entscheidenden Gesetzmäßigkeit als Voraussetzung für den Zustand Erfolg:

Gesetzmäßigkeit Nr. 1: Sorgen Sie für eine EIN-Stellung

Nun: Was meine ich konkret? Ich meine: Es muss eine EIN-Stellung geben, eine Sichtweise. In dem Sinne, dass Sie denken, sagen und spüren: „Ich spreche gern mit Firmenkunden. Oh, es ist ein wunderbares Geschäft. Es fordert mich heraus und das Firmenkundengeschäft sorgt für große und großartige Erfolge. Oh, ich liebe dieses Firmenkundengeschäft!“ Begreifen wir das! Begreifen Sie das! Das ist eine EIN-Stellung. Viele Verkäufer – natürlich niemals Sie, liebe Leser/innen dieses Buches – leben eine ZWEI-Stellung oder eine DREI-Stellung. Sie wollen mal dieses, dann jenes, wollen das, jedoch das andere nicht. Wollen Erfolg. Jedoch nichts für den Erfolg tun. Sie warten, warten und warten auf einen Firmenkunden, der bei ihnen klingelt und um Beratung bittet. Und dann – zack – ist dieses Verkäufer- und Beraterleben vorbei. Eine wirklich dumme Sache, ist es nicht so? Ich sage Ihnen: Sorgen Sie für eine EIN-Stellung. Wenn Sie dieses Buch lesen, wenn Sie dieses Buch bis hierhin gelesen haben, dann entscheiden Sie sich, Mensch. Entweder Sie sind bereits gut im Firmenkundengeschäft tätig. Nun: Sagen Sie zu sich Dinge wie: „Ab heute werde ich der beste Firmenkundenberater, den es jemals in meinem Unternehmen gegeben hat!“ Oder Sie haben bislang einen großen Bogen um Firmenkunden gemacht. Nun, dann sagen Sie Dinge wie: „Ab heute werde ich Firmenkundenberater. Ich werde zu einem der besten Firmenkundenberater, die es jemals gab!“ Dann legen Sie los, Mensch! Straffen Sie die Disziplin. Legen Sie los. Das ist alles.

Gesetzmäßigkeit Nr. 2: Meiden Sie Traumdiebe

Diese Traumdiebe sind wirklich eine üble Sorte Mensch. Es sind diese Typen, denen Sie von Plänen und Träumen erzählen, beispielsweise sagen Sie: „Ich werde einer der besten Firmenkundenberater, die es jemals gab“ und diese Typen, diese Traumdiebe, sagen dann Dinge zu Ihnen wie …

- Das haben schon andere probiert und sind kläglich gescheitert.
- Was genau zeichnet Dich aus, dass Du es schaffen solltest?
- Fang doch erst mal klein an.
- Ja, ja, haben schon andere erzählt.
- Du, gerade Du willst Firmenkundenberater werden?

- Schuster, bleib bei Deinen Leisten.
- Du hast doch jetzt die Dinge schon nicht im Griff und dann an die großen Fische wagen?
- Ja, ja, mit den großen Hunden bellen wollen aber das Bein zum Pinkeln nicht hoch kriegen.

Sie wissen, was und wen ich meine, nicht wahr? Sie kennen das! Eine Frage: Sind diese Traumdiebe schlechte Menschen? Nein. Es sind vielmehr gute Menschen, die einst selbst große Träume hatten und die dann zu vielen Traumdieben begegnet sind. Das ist alles. Sie wurden nicht als Traumdiebe geboren. Sie wurden im Laufe ihres Lebens zu Traumdieben. Ich sage Ihnen: Meiden Sie diese Traumdiebe. Das ist alles. Machen wir es besser! Machen Sie es anders.

Gesetzmäßigkeit Nr. 3: Lernen Sie von Profis

Lesen Sie Bücher erfolgreicher Firmenkundenberater/innen. Lesen Sie Bücher wie dieses. Immer und immer wieder. Unterhalten Sie sich mit erfolgreichen Firmenkundenberatern. Fragen Sie diese erfolgreichen Berater: Was genau tust Du? Was genau machst Du, damit es erfolgreich läuft? In einer der Bernd W. Klöckner Audiobotschaften bringe ich folgendes Beispiel: Da gibt es Eltern, die ihre Kinder nicht im Griff haben. Die Kinder tanzen diesen Eltern auf der vorgesehenen Nase herum. Dann sprechen diese Eltern – weil sie nicht mehr weiterwissen – oftmals mit solchen Eltern, die ebenfalls nicht mehr weiter wissen (weil ihre Kinder ihnen auch auf der Nase herumtanzen) und fragen, was getan werden könnte. Das klingt verwirrend, ich weiß. Und Sie wissen, was und wen ich meine. Ich sage Ihnen: So um Rat und Hilfe zu bitten ist eine wirklich dumme Sache. Sehr, sehr unklug. Machen wir es auch hier besser! Machen Sie es besser! Fragen Sie die Menschen, die Sie treffen und von denen Sie wissen, dass es erfolgreiche Firmenkundenberater/innen sind: „Was genau tust Du, damit es erfolgreich läuft?“ oder „Was sind Ihre zehn goldenen Erfolgsregeln, wenn Sie welche hätten?“ Oder ähnliches. Dann tun Sie, was diese erfolgreichen Firmenkundenberater tun. Sie sind bereits Profi! Sie sind bereits ein erfolgreicher Firmenkundenberater. Nun: Dann gebe ich Ihnen einen Satz aus der Klöckner Methode (Details unter www.berndwkloeckner.com) und aus den Bernd W.

Klöckner Seminaren, Trainings und Vorträgen: Heute noch ein bisschen besser sein als gestern. Morgen noch ein bisschen besser sein als heute. Der Profi, der erfolgreiche Typ, der Dinge denkt wie: „Ich weiß, dass ich gut bin“ und dann das Denken einstellt und Veränderung ablehnt, gerät früher oder später, das ganze ist nur eine Frage der Zeit, in den Zustand Notstand. Die alles entscheidende und richtige Botschaft lautet: „Ich weiß, dass ich gut bin, und ich kann es noch besser.“ Das ist alles. Nutzen Sie dieses Buch, nutzen Sie die Kombination mit dem Finanztaschenrechner BWK Business® und sorgen Sie dafür, dass Sie noch besser werden. Das ist alles.

Gesetzmäßigkeit Nr. 4: Verkauft wird in einem Moment

Ich spreche zu Ihnen über eine weitere Gesetzmäßigkeit erfolgreicher Verkäufer. Es geht um die Professionalität im richtigen Moment. Ich sage es erneut mit den Worten aus den Bernd W. Klöckner Seminaren und Trainings: Sie wissen nie, wann Sie eine bestimmte Zahl brauchen. Doch wenn Sie die Zahl brauchen, müssen Sie die Zahl drauf haben. Sie wissen nie, wann Sie eine bestimmte Berechnung brauchen. Doch wenn Sie die Berechnung brauchen, müssen Sie die Berechnung drauf haben. Sie wissen nie, wann Sie ein bestimmtes Wort, eine bestimmte Intervention brauchen, doch wenn Sie diese Intervention, eine bestimmtes Wort, eine bestimmte Formulierung brauchen, müssen Sie diese drauf haben. Das ist alles! Ich gebe Ihnen einen Test: Sie sind bei einem Unternehmen, geleitet von zwei Brüdern. Sie sprechen über die Pensionsrückstellungen. Sie haben sich vorbereitet. Sie haben für beide Brüder ein Angebot nach versicherungsmathematischen Grundregeln (Heubeck) ausgearbeitet. Nun, der eine Bruder ist zufrieden. Der zweite Bruder sagt: „Oh, das gefällt mir nicht. Ich brauche mal eine andere Zahl. Wenn ich ab dem 65.Lebensjahr jeden Monat 7.000 Euro entnehmen will, dynamisiert mit 5 Prozent und das ganze soll bis zum 95. Lebensjahr ausbezahlt werden, wobei ich einen Puffer am Ende von 100.000 Euro übrig haben will, was wäre das dann für ein Barwert? Rechnen Sie einfach mal mit 4 Prozent Anlagezins nach Steuern. Und wie sähe es aus, wenn ich die Dynamik ab dem 21. Auszahlungsjahr stoppe? Ich brauche nur mal eine erste Zahl zum Kennenlernen. Können Sie mir das bitte einmal sagen?“ Das ist der Moment! Begreifen wir das! Das kann zumindest der Moment sein, in dem Sie alles gewinnen oder alles verlieren. Zumindest den zweiten Bruder. Entweder Sie sagen Dinge wie: „Oh, ich nehme mir das mit ins Büro und rechne es Ihnen aus.“ In Ordnung. Zumindest scheinen Sie einen Plan zu haben, was und wie Sie rechnen können. Weitaus besser könnte es sein, wenn Sie sofort am Tisch, also im Beratungsgespräch Dinge sagen wie: „In Ordnung: Sie brauchen dann 2,963 Millionen Euro, wenn Sie die 7.000 Euro mit durchgehender Dynamik haben wollen. Noch ohne Kosten und Gebühren der Produkte gerechnet. Und wenn Sie die Dynamik in den letzten 10 Jahren stoppen, sind es rund 2,634 Millionen Euro an Barwert.“ Die alles entscheidende Frage an Sie lautet: Können Sie das rechnen? Sind Sie Finanzberater oder FinanzRater®? Ich weiß, das tut weh. Einige von Ihnen werden Dinge denken oder sagen wie: „Pah, was will der von mir? Ich bin auch so erfolgreich, ohne dass ich derartige Fragen beantworten kann.“ Ich sage Ihnen: Vielleicht sind Sie trotzdem erfolgreich! Begreifen wir das! Begreifen Sie das! Nehmen wir Beate Kluckow. Sie war eine erfolgreiche Firmenkundenbetreuerin. Und sie lebt den Satz: „Ich weiß, dass ich gut bin und ich kann es noch besser.“ Dann wurde sie noch besser. Trainierte kleine Details. Immer und immer wieder. Viele Details finden Sie in diesem Buch. Die alles entscheidende Botschaft lautet: Trainieren Sie für den Moment, in dem Sie das, was Sie immer und immer wieder trainiert haben, brauchen. Das ist alles. Wenn Sie es brauchen, müssen Sie es drauf haben.

Gesetzmäßigkeit Nr. 5: Geben Sie Regeln vor!

Ich gebe Ihnen eine Demonstration. Nehmen wir ein Ehepaar. Seit 30 Jahren verheiratet. Stellen Sie sich folgende Szene vor. Sie war zwei Tage auf einem Seminar unterwegs. Sie kommt nach Hause. Schließt die Haustür auf. Ihr Mann begrüßt sie. Nun sagt sie „Schatz, ich muss mit Dir reden“. Er: „Um was geht es?“ Sie sagt: „Es war sehr interessant. Und eine Sache war besonders wichtig. Du musst es Dir aufschreiben.“ Er – leicht irritiert – nimmt sich Stift und ein Blatt Papier. Sie – bitte, nach 30 Jahren gemeinsamer Ehe – sagt zu ihm: „In Ordnung, Schatz. Ab dem heutigen Tag gelten für Dich in diesem Haus fünf neue Regeln, die Du zu beachten hast. Schreibe auf… Regel Nr. 1…“ Nun, Sie wissen oder ahnen, was passiert. Er wird sagen: „Oh, das ist interessant. Neue Regeln. Sei mir nicht böse, damit hättest Du vor 30 Jahren kommen müssen.“

Begreifen wir das! Begreifen Sie das! Die alles entscheidende Botschaft für den Zustand Erfolg, insbesondere in Verkaufs- und Beratungsgesprächen mit Firmenkunden, lautet: Geben Sie Regeln vor. Das müssen Sie. Und wenn Sie das Wort „Regeln" stört, dann ersetzen Sie das Wort durch ein anderes. Ein Wort, das zu Ihnen passt. Es geht nicht, ich betone: es geht NICHT um meine Worte. Es geht um den Inhalt und die grundlegende Botschaft. Die grundlegende und entscheidende Botschaft lautet: Geben Sie Regeln am Anfang eines Gespräches vor. Sie können auch Dinge sagen wie: „Liebe Frau XXX, ich habe sehr gute Erfahrungen damit gemacht, dass wir uns zu Beginn auf einige grundsätzliche Dinge einigen. Frage an Sie: Darf ich diese wichtigen und entscheidenden Punkte kurz sagen?" Sie bekommen ein „Ja." Sie haben damit die erste Kooperation. Und Sie beginnen. Es gibt zwei alles entscheidende Voraussetzungen hierbei. Erstens: Nehmen Sie sich Zeit für Ihre „Regeln". Es muss Ihre Sprache, es müssen Ihre Worte sein. Authentizität ist und bleibt der wichtigste Erfolgsfaktor in allen Verkaufs- und Beratungsprozessen. Keine noch so gute Strategie, keine noch so gute Methode ersetzt Authentizität. Zweitens: Trainieren Sie Ihre „Regeln" zu Hause. Immer und immer wieder. Eine der grundlegenden Sätze aus den Seminaren und Trainings zur Klöckner Methode lautet: „Sagen Sie niemals einen Satz zum ersten Mal bei einem Kunden." Weil: Sie wissen, wie Sätze klingen, die Menschen auswendig gelernt haben und zum ersten Mal sagen. Es klingt scheußlich. Und es klingt nach allem, jedoch garantiert nicht nach Authentizität. Machen wir es besser. Machen Sie es besser! Sorgen Sie für Ihre Worte. Trainieren Sie Ihre Worte und „Regeln". Und sollte einmal ein Firmenkunde dieses Buch lesen, dann gilt: Gemeinsam zum Beginn eines Verkaufs- und Beratungsprozesses Regeln festlegen hilft allen Beteiligten. Wie die Geschichte zu Beginn zeigt: Regeln werden nicht am Ende aufgestellt. Regeln werden – wenn überhaupt – zu Beginn aufgestellt.

Gesetzmäßigkeit Nr. 6: Lieben Sie die Menschen!

Das ist eine der wichtigsten und entscheidenden Gesetzmäßigkeiten für den Zustand persönlichen, beruflichen und finanziellen Erfolges als Verkäufer und Berater. Lieben Sie die Menschen. Ich spreche aus einem besonderen Grund darüber. Ich bin selbst Unternehmer. Ich führe mehrere Unternehmungen. Ich meine: Viele Unternehmer/innen sind Unternehmer/innen geworden, weil sie es in herkömmlichen Hierarchien nicht ausgehalten hätten. Weil sie etwas Besonderes schaffen wollten. Weil sie etwas Besonderes bewegen wollten. Besondere Menschen haben besondere Macken. Das ist alles. Eine Ihrer Aufgaben lautet: Lieben Sie Firmenkunden wegen ihrer besonderen Eigenschaften. Das müssen Sie. Ersetzen Sie, wenn Sie wollen, das Wort „Liebe" durch „mögen". Dann würde der Satz, die alles entscheidende und wichtige EIN-Stellung lauten: Ich mag diesen Typen. Ich mag diese Person.

Gesetzmäßigkeit Nr. 7: Kunden kaufen Konditionen ...

Ich ergänze diesen Satz, der ebenfalls einer der wesentlichen Sätze bei den Bernd W. Klöckner Seminaren und Training ist: Kunden kaufen Konditionen. Fans kaufen alles. Nun, Ihre Aufgabe lautet: Sorgen Sie dafür, dass Ihre Kunden, dass insbesondere Ihre Firmenkunden Fans von Ihnen werden. Das ist alles. Das zu tun ist Ihre Aufgabe. Ich frage Sie: Wenn Sie Fan irgendeiner Person oder irgendeiner Sache sind: Was sind es für Eigenschaften, die Sie zu einem Fan einer Sache, hier besser passend, zum Fan einer Person werden lassen? Ich gebe Ihnen einige Eigenschaften:

- Leistungsbereitschaft
- Außergewöhnlich
- Anders als andere
- Kann an die Grenzen gehen
- Trainiert immer und immer wieder
- Ist professionell
- Wenn es eine Sache gibt, die besser gemacht werden kann, wird diese Sache besser gemacht
- Kümmert sich immer wieder persönlich um die Fans
- Hat Achtung und Respekt vor den Fans
- Liebt die Begegnung mit den Fans

Und anderes mehr...

Das bedeutet für Sie: Sorgen Sie dafür, dass Sie angenehm anders als alle anderen auffallen. Karsten Brocke, ein Freund und Trainer, macht daraus stets sieben A's. Sorgen Sie dafür, dass Ihre Firmenkunden Fans werden. Dass Ihre Firmenkunden spüren: Sie sind leistungsbereit. Sie sind anders. Angenehm anders als alle anderen. Sie gehen an die Grenzen. Sie geben alles. Sie sind in jedem Detail professionell und professionell trainiert. Und so weiter. Begreifen wir das! Begreifen Sie das! So zu denken klingt eigenartig, ich weiß. Und es funktioniert! Ich sage Ihnen: Tun Sie es! Erfüllen Sie die Dinge, die Fans zu Recht erwarten und wünschen. Sorgen Sie so auf diese Weise dafür, dass Ihre (Firmen)Kunden zu Fans werden. Ich wiederhole: Kunden kaufen Konditionen. Fans kaufen alles.

Gesetzmäßigkeit Nr. 8: Wen Du über den Preis gewinnst, ...

Immer wieder geht es in allen Verkaufs- und Beratungsprozessen um den Preis. Ich beginne mit einer Geschichte von Picasso. Picasso malte eines Tages anlässlich einer Versteigerung ein Bild. Er begann am Mittag. Zeichnete etwa drei Stunden. Das Bild war fertig. Und es war beeindruckend, was Picasso wieder einmal gezeichnet hatte. Das Bild wurde versteigert. Und brachte 1,7 Millionen an Erlös. Eine junge Journalistin war anwesend. Sie ging auf Picasso nach der Versteigerung zu und fragte „Herr Picasso. Sie malen drei Stunden. Dann wird Ihr Werk für 1,7 Millionen verkauft. Ist das nicht ein viel zu hoher Preis für so wenig Arbeit?" Picasso lächelte und erwiderte: „Meine junge Dame. Ich bekomme für meine Arbeit so viel Geld, weil ich das Geld für 31 Jahre und drei Stunden bekomme." Oh, ich liebe diese Geschichte. Weil: Sie können speziell im Firmenkundengeschäft sehr gutes Geld verdienen. Und dann brauchen Sie ein gutes Gefühl. Das ist alles. Diese Geschichte von Picasso soll Ihnen ein gutes Gefühl geben. Weil: Wenn Sie als Firmenkundenberater, wenn Sie grundsätzlich als Verkäufer und Berater viel Geld in wenigen Tagen verdienen können, dann ist das eben nicht viel Geld für wenige Tage, sondern es ist viel Geld für Ihre letzten sagen wir 10 Jahre und diese wenigen Tage Arbeit. Nehmen Sie diese Geschichte. Steigern Sie mit dieser Geschichte einmal mehr Ihr Selbstbewusstsein. Wenn ein Kunde über das Argument „Preis" kommt, dann seien Sie sicher: Wen Du über den Preis gewinnst, verlierst Du über den Preis. Ich sage Ihnen auch: Dieses „Ich gewinne Sie über den Preis und verliere Sie über den Preis"-Spiel macht wahrlich keinen Spaß. Sie wissen genau, was ich meine, nicht wahr! Die alles entscheidende Botschaft lautet also: Raus aus diesem

Spiel! Sorgen Sie dafür, dass Sie an diesem Spiel nicht mehr teilnehmen. Und sagen Sie das Ihren Kunden. Ich sage Ihnen einen meiner Sätze aus meiner Verkaufspraxis. Sie könnten diesen Satz annehmen. Sie könnten ihn auch nicht annehmen. Oder Sie könnten darüber nachdenken, wie sie ihn verändern und dann annehmen könnten. „Lieber Herr XXX. Ich habe eine Bitte an Sie, darf ich diese Bitte loswerden? ...Danke...wenn ich Ihnen eine gute Konzeption erarbeite, wenn Sie und Ihr Steuerberater Dinge sagen wie „Oh, er ist wirklich gut“ und wenn ich dann mit meinen Konditionen im oberen Drittel, im oberen Viertel mithalten kann, kann ich dann davon ausgehen, dass ich für Sie an erster Stelle stehe?“ So oder ähnlich. Da gibt es eine Person. Diese Person liest diese Zeilen. Denkt oder sagt Dinge wie: „Pah, so kann ich mit meinen Kunden nicht sprechen.“ Ich sage Ihnen: Nicht so mit Ihren Kunden gesprochen haben Sie schon. Was haben Sie zu verlieren? Nichts. Was können Sie gewinnen? Alles! Begreifen wir das! Begreifen Sie das! Ich sage Ihnen auch: Beate Kluckow, zweifelsohne bereits seit Jahren eine erfolgreiche Verkäuferin, hat diesen Gedanken nach gemeinsamen Trainings aufgenommen. Und es getan. Und es funktioniert! Nun: Sie tun es. Und es wird funktionieren! Das ist alles. Ich wiederhole: Nicht getan haben Sie es schon. Ich ergänze mit einem weiteren Gedanken aus der Klöckner Methode und aus den Bernd W. Klöckner Seminaren und Trainings: Konzeption geht vor Kondition. Das gilt für alle Verkaufs- und Beratungsprozesse. Und es gilt insbesondere und ausdrücklich für alle Firmenkunden. Weil: Die falsche Konzeption kann hunderttausende kosten. Der Preis ist hier zweifelsohne die zweitwichtigste Größe. Die erste und entscheidende Voraussetzung für den Zustand Erfolg in Verkaufs- und Beratungsprozessen insbesondere bei größeren Geschäften ist die Konzeption. Ich wiederhole: Konzeption geht vor Kondition. Das ist alles.

Gesetzmäßigkeit Nr. 9: Keine Angst vor großen Zahlen

Ich komme nun zu einem wichtigen und entscheidenden Detail, zu einer der einfach wichtigsten Gesetzmäßigkeiten als Voraussetzung für den Zustand Erfolg. Ich beginne: Sich speziell mit Firmenkunden zu beschäftigen, mit Firmenkunden Beziehungen aufbauen bedeutet, dass Sie niemals Angst vor großen Zahlen haben dürfen. Ich weiß, das klingt eigenartig. Und es ist eine wichtige Botschaft. Weil: Wenn Sie speziell Firmenkunden beraten, werden Sie beispielsweise auf Vorsorgesummen kommen, die das herkömmliche Tagesgeschäft bei weitem übertreffen. Ich gebe Ihnen eine Demonstration. Da gibt es einen 32-jährigen, erfolgreichen Unternehmer. Er will a) für seine Mitarbeiter etwas tun und b) für sich selbst. Nehmen wir die Zahlen für ihn. Er verdient derzeit 10.000 Euro netto. Er rechnet mit weiteren Steigerungen in den kommenden Jahren. Das Geschäft ist krisensicher. Für seine eigene Konsumfähigkeit (das Wort „Konsumfähigkeit" wurde erstmals geboren und erfunden von Ruth Watty, Trainerin der Klöckner Methode) geht er von den heutigen 10.000 Euro aus, die er unter Berücksichtigung einer Inflation von 4 Prozent halten will. Nach weiteren 20 Jahren, also ab ca. 53 Jahren, will er aus dem daraus resultierenden Vermögen monatlich über dann geplante 30 Jahre entsprechende Entnahmen tätigen; inklusive Steigerung in der Rentenzeit von jährlich 3 Prozent. Angenommener Anlagezins in der Entnahmephase sind 4,5 Prozent nach Steuern. Die erste Frage an Sie: Wie lange brauchen Sie – Hand auf`s Herz – bis Sie die notwendigen Zahlen ausgerechnet haben? Ich sage Ihnen: Brauchen Sie dazu mehr als 5 Minuten, sind Sie – bei allem Respekt – im Zweifel ein FinanzRater®. Also zum Thema dieses Buches passend ein Firmenkunden-FinanzRater®.

Ich sage Ihnen: Ändern Sie blitzartig diesen Zustand. Sorgen Sie dafür, dass Sie diese und ähnliche Fragen spielerisch, leicht und locker beantworten können. Ich sage Ihnen auch: Wer insbesondere bei Beratung von Firmenkunden denkt (es gilt grundsätzlich für jeden Verkauf) Kompetenz zu trainieren sei zu teuer („Wir haben derzeit keine Budgets im Unternehmen für kostspielige Trainings"), sollte es einmal mit Inkompetenz probieren. Eine wirklich dumme Sache, ist es nicht so? Kompetenz trainieren mag Geld kosten. Mit Inkompetenz verkaufen und beraten kostet Sie jedoch viele Kunden, viele potenzielle Abschlüsse und letztlich ein Vermögen. Zumindest ein Vielfaches dessen, was Sie ein Training gekostet hätte. Sie wissen, ich bin Trainer. Nun: Können Sie die notwendige Zahl in weniger als 5 Minuten ausrechnen, gratuliere ich Ihnen. Nochmals die Aufgabe: Der Unternehmer wünscht 10.000 Euro heutige Kaufkraft. Inflation von 4 Prozent. In 20 Jahren will er kürzer treten. Dann braucht er das Geld. Geplant über 30 Jahre Entnahmezeit; inklusive Steigerung in der Rentenzeit von jährlich 3 Prozent. Angenommener Anlagezins in der Entnahmephase sind 4,5 Prozent nach Steuern. – Die Antwort lautet: Der Unternehmer benötigt ein Vermögen in Höhe von rund 6,3 Millionen Euro. Es gibt bereits ein Depot von 850.000 Euro. Ausgehend von einem Anlagezins 7 Prozent und einer jährlichen Dynamik von 5 Prozent müsste der Kunde – ohne Kosten und Gebühren – rund 4.000 Euro im Monat zusätzlich investieren und ansparen. Wiederum gilt: Es gibt eine Person, die liest dieses Beispiel und denkt oder sagt Dinge wie: „Das ist Unsinn. Kein Kunde der Welt spart 4.000 Euro im Monat. Das sind ja 40 Prozent des Nettoverdienstes. Dummes Zeug." Ich sage Ihnen einen Satz aus den Trainings zur Klöckner Methode: Wenn Du Dir keine 4.000-Euro-Sparrate/Monat-Kunden vorstellen kannst, werden sich Dir keine 4.000-Euro-Sparrate/Monat-Kunden vorstellen. Das ist alles. Das ist ein Gesetz. Und es ist die Wahrheit. Ich wiederhole: Erfolgreich sein (speziell im Firmenkundengeschäft) bedeutet, Zahlen dürfen keine Bedeutung haben. Wer sich bei Zahlen wie 6,3 Millionen Euro an notwendigem Vermögen und 4.000 Euro Sparrate/Monat erschrickt, wird niemals im Firmenkundengeschäft erfolgreich sein können. Nun: Es gibt eine Person, die ist erfolgreich und erschrickt sich. Auch hier gilt: Vielleicht hat diese Person trotzdem Erfolg.

Gesetzmäßigkeit Nr. 10: „Nein" ist ein perfekter Satz

Gute Beziehungen insbesondere zu Firmenkunden bedeuten nicht, dass Sie immer Ja und „Amen" zu allem sagen müssen. Ich sage Ihnen: Insbesondere Firmenkunden schätzen es sehr, wenn Sie als Verkäufer und Berater diesen Firmenkunden klar zeigen, wo welche Grenzen sind. Ein schnelles Ja, ein zu schnelles Ja ist ein vermeintlicher Gewinn. Jedoch oft nur auf den ersten Blick. Weil: Wenn Sie etwas zusagen und später nicht einhalten können, sind Sie sofort draußen. Weitaus schneller noch als in „normalen" Kundenbeziehungen. Daher gilt: „Nein" ist ein perfekter Satz. „Nein" sagen zu können, gehört dazu. Wichtig dabei: Es geht nicht, ich betone NICHT um Recht haben wollen. Hier gilt die alte Verkäuferregel: Erfolgreich sein oder Recht haben? Ich mein, dass Sie messerscharf und schnell trainieren müssen, wo Sie zustimmen und wo Sie Nein sagen. Ein achtvolles, klares, wertschätzendes NEIN. Das gilt ebenfalls nochmals in Verbindung mit dem Preis. „Billigere" Wettbewerber wird es zu jeder Zeit geben. Sie haben Ihren Preis. Alles, was Sie tun müssen, ist, dass Sie angenehm anders als alle anderen sind. Sie bieten spürbare Kompetenz. Auf den Punkt gebrachte Kompetenz. Dafür haben Sie Ihren Preis. Preisverhandlungen können sein. In Ordnung. Bei Preisverhandlungen um „jeden Preis“ sagen Sie: „Nein.“ Trainieren Sie dieses „Nein“ sagen.

Gesetzmäßigkeit Nr. 11: Fragen Sie! Immer und immer wieder!

Eine weitere entscheidende Voraussetzung und Gesetzmäßigkeit für den Zustand Erfolg lautet „Fragen Sie!“ Immer und immer wieder! Bitten Sie um Erlaubnis, Fragen stellen zu dürfen. Dann fragen Sie. Grundsätzlich ist das eine der wichtigsten Regeln. Der Satz dazu lautet: Die Qualität Deiner Fragen bestimmt die Qualität Deines Lebens. Die Qualität deiner Fragen bei einem Firmenbesuch bestimmt entscheidend die Qualität der Beziehung zu diesem Firmenkunden.

Gesetzmäßigkeit Nr. 12: Achten Sie auf Ihren Spitzenzustand!

Ich komme zur letzten und wichtigsten Gesetzmäßigkeit. Der Satz dazu lautet: Früh krümmt sich, wer ein Würmchen werden will. Ebenfalls gilt: Wer den Kopf in den Sand steckt, ist mit dem Hintern dennoch zu sehen. Ich sage Ihnen: Sorgen Sie immer wieder dafür, dass Sie in einem Spitzenzustand sind. Das müssen Sie tun, wenn Sie wirklich großen Erfolg als Verkäufer und Berater haben wollen. Spitzenzustand! Insbesondere in anstrengenden und wichtigen Beratungsrunden mit Firmenkunden, deren Steuerberater und anderen Profis an der Seite müssen Sie in einem Spitzenzustand sein. Weil Sie in solchen Gesprächen eine Spitzenleistung bringen wollen. Das müssen Sie, wenn Sie die Nr. 1 in der Wahrnehmung dieses Firmenkunden sein wollen. In den Bernd W. Klöckner Seminaren und Trainings, hier insbesondere in den Trainings zur Klöckner Methode, trainieren wir immer wieder wichtige Details dazu, wie Sie Ihren Spitzenzustand erreichen und wahren können. Eine der Fragen, die Sie sich in anstrengenden und anspruchsvollen Gesprächen mit Firmenkunden immer wieder stellen sollten, ist die Frage: „Was macht das mit mir?“ Damit meine ich: Sobald Sie spüren, dass es in Ihnen eine positive oder negative Reaktion auf ein bestimmtes Verhalten des Firmenkunden, seiner Berater oder von wem auch immer am Tisch sitzend gibt, sprechen

Sie es an. Ich spreche hier über das entscheidende Prinzip Offenbarung. Immer wieder erlebe ich in meiner Verkaufspraxis (alle Trainer der Klöckner Methode müssen selbst verkaufen. Denn: Ein Verkaufstrainer, der nicht aktiv verkauft, kann kaum ein Verkaufstrainer sein, nicht wahr?), dass meine offene und wertschätzende Haltung und Kommunikation auf Seiten des Firmenkunden nach und nach Offenheit und Wertschätzung fördert. Klare Worte. Auch mal ein klares Nein („Nein" ist ein perfekter Satz). Und offene Worte zu Ihrem eigenen Befinden. Das können Sätze sein wie: „Ich will Ihnen kurz sagen, wie es mir geht. Mir geht es bei dem, wie wir jetzt planen, nicht besonders gut. Ich will es Ihnen begründen: 1 ..., 2 ..., 3....). Dann benennen Sie die Gründe. Ich verrate Ihnen ein wertvolles und wichtiges Wort: Es ist das Wörtchen „weil". Die beiden kommunikativen Erfolgsschritte für gelingende Beziehung lauten also: Sprechen Sie immer wieder auch von sich. Davon, was einzelne Passagen des gemeinsamen Gespräches in Ihnen auslösen. Dann begründen Sie, was und warum es etwas Bestimmtes auslöst. Das sind die Erfolgsschritte eins und zwei. Als zwei wichtige Voraussetzungen für den Zustand Spitzenzustand. Ich wiederhole: Firmenkundengeschäft ist Profigeschäft. Die alles entscheidende Voraussetzung für den Zustand Erfolg ist Ihr Spitzenzustand. Das bedeutet: Tun Sie alles und nehmen Sie alles an, was Ihren Spitzenzustand fördert. Meiden Sie alles, lehnen Sie ab oder sprechen Sie darüber, was Ihren Spitzenzustand gefährdet. Diese Offenheit Ihrerseits wird Ihnen zurück geschenkt. Wie heißt es? Wie Du in den Wald hinein rufst, so schallt es heraus.

Sie kennen nun entscheidende und wesentliche Gesetzmäßigkeiten für den Zustand Erfolg in Verkaufs- und Beratungsprozessen. Grundsätzlich gelten diese 12 Gesetzmäßigkeiten für jedes Verkaufs- und Beratungsgespräch. Insbesondere gelten einzelne dieser Gesetzmäßigkeiten speziell für erfolgreiche Beziehungen zu Firmenkunden. Alles, was ich im Rahmen dieses Buches und mit meinen Worten erreichen will, ist: Ich will Sie anregen. Fördern. Unterstützen. Wir, meine Autoren-Kollegen und ich, wollen anregen. Fördern. Unterstützen. Das ist alles. Maxime von BWK Bernd W. Klöckner ist: „Experte ist der Kunde." Mit anderen Worten: Sie sind als Leser/in dieses Buches Ihr bester Experte. Sie allein wissen, was Sie aus diesem Buch brauchen, was Sie weniger brauchen, was Sie vielleicht auch gar nicht brauchen oder beachten wollen. Alles, was ich Ihnen sagen kann ist: Viele Gesetzmäßigkeiten nicht beachtet haben Sie schon. Nun, was haben Sie zu verlieren? Nichts. Was können Sie gewinnen? Alles. Also tun Sie es. Hören Sie auf es zu probieren. Tun Sie es, Mensch! Dann bekommen Sie Ergebnisse. Stimmen die Ergebnisse mit dem überein, was Sie erreichen wollten, wiederholen Sie die entsprechend erfolgreichen Handlungen. Stimmen die Ergebnisse nicht mit dem überein, was Sie erreichen wollen, verändern Sie die Strategie. Verändern Sie Ihre Strategie. Also welche Gesetzmäßigkeit Sie anwenden und beachten und welche weniger. Das ist alles. Verkaufen der Zukunft, erfolgreiches Verkaufen in Zukunft ist eine Mischung aus fachlicher, emotionaler und sprachlicher Kompetenz. Das ist alles. Konkret: Wenn Sie fachliches Wissen brauchen, müssen Sie es drauf haben. Wenn Sie emotionale Kompetenz brauchen, müssen Sie diese Kompetenz in der Sekunde drauf haben, in der es darauf ankommt. Nicht zwei Tage später. Und wenn Sie sprachliche und kommunikative Kompetenz brauchen, müssen Sie auch diese sprachliche und kommunikative Kompetenz drauf haben. Das ist alles. Das sind die Erfolgsvoraussetzungen eins, zwei und drei. Fachliche, emotionale und sprachliche Kompetenz. Insbesondere im Firmenkundengeschäft sind Beziehungen das A und O. Weil: Jeder Firmeninhaber weiß um das Prinzip Vertrauen in gelingenden, geschäftlichen Beziehungen. Das bedeutet: Trainieren Sie Ihre Beziehungskompetenz. Immer und immer wieder. Trainieren Sie die in diesem Buch beschriebenen fachlichen Inhalte. Immer und immer wieder. Dann tun Sie es. Sie haben unweigerlich Erfolg.

Spiele das Spiel, um zu gewinnen
Bernd W. Klöckner

Sie haben viel gerechnet. Sie haben viele Details neu gelernt. Für wirkungsvolle und wichtige Gesprächsansätze und Berechnungen in Gesprächen mit Firmenkunden. Nun: Entspannen Sie sich. Und lassen Sie uns über einige wichtige und entscheidenden Botschaften als Voraussetzung für den Zustand Erfolg sprechen. Lassen Sie uns gemeinsam über erfolgreiche Gedanken, die richtige Motivation und wichtige EIN-Stellungen® sprechen. Beginnen wir. Die Botschaft lautet: Spiele das Spiel, um zu gewinnen. Nicht, um nicht zu verlieren. Spielen Sie das Spiel, um zu gewinnen. Nicht um nicht zu verlieren! Das gilt insbesondere im Gespräch mit oftmals menschlich sehr potenten und kompetenten Firmenkunden. Immerhin haben Sie in einer Vielzahl der Beratungsgespräche eine Gesprächspartnerin oder einen Gesprächspartner, die oder der über viele Jahre bereits sehr erfolgreich ein oder mehrere Unternehmen leitet. Hier gilt: Früh krümmt sich, wer ein Würmchen werden will. Ihre Aufgabe lautet: Sorgen Sie für Kompetenz. Sorgen Sie dafür, dass Sie vorbereitet sind. Dann gilt, ich wiederhole: Spiele das Spiel um zu gewinnen. Das ist etwas grundlegend und entscheidend anderes als das Spiel spielen, um nicht zu verlieren.

Viele Menschen, viele Verkäufer und Berater traf ich in den vergangenen Jahren. Es sind tausende, ja es sind zehntausende gewesen. Mit einigen gab es sehr intensive Gespräche. Mit vielen gab es Kontakt per E-Mail. Und immer wieder erlebte ich, wie viele Menschen das Spiel spielen, um nicht zu verlieren. Das ist eine wirklich dumme Sache. Weil: Viele von Ihnen wissen, dass es das Wort „nicht“ nicht gibt. Wenn ich nun sage, denken Sie nicht an eine schwierige Situation in Ihrem Leben. Ich wiederhole: Denken Sie nicht an eine schwierige Situation in Ihrem Leben...schwierige Situation...schwierige Situation...schwierige Situation, also ich meine ernsthaft, denken Sie nicht an diese schwierige Situation – Sie wissen, Sie sollen nicht an diese schwierige Situation denken - dann müssen Sie – ob Sie das wollen oder nicht – sich in Gedanken mit einer schwierigen Situation befassen. Sie können den Begriff „schwierige Situation“ nur nehmen, wenn Sie diesen Begriff in Bilder umsetzen. Und – zack – sind Sie in einem Bild, was Sie nicht wollten.

Ich gebe Ihnen ein anderes Beispiel: Stellen Sie sich nun einen Elefanten vor. Gehen Sie in dieses Bild. Stellen Sie sich einen Elefanten vor. Auf seinem Rücken sitzt ein gestiefelter Kater. Sie sehen also den Elefanten und den gestiefelten Kater. Der Kater hat einen Zauberhut auf, einen roten, spitzen Zauberhut mit hellgoldenen Sternen. In der rechten Hand schwenkt der gestiefelte Kater auf dem Rücken des Elefanten ein grünes Tuch. Gut! Sie sehen also den gestiefelten Kater mit dem roten Zauberhut mit den goldenen Sternen. Sie sehen diesen gestiefelten Kater auf dem Rücken des Elefanten und mit der rechten Hand ein grünes Tuch schwenkend. Nun meine bitte: Denken Sie nun einen Moment, sagen wir lediglich 30 Sekunden, nicht an diesen Elefanten, auf dessen Rücken ein gestiefelter Kater sitzt. Es sind nur 30 Sekunden. Denken Sie nicht an diesen Elefanten. Denken Sie nicht an den gestiefelten Kater. Und denken Sie um Himmels willen nicht an den roten Zauberhut. Das ist alles, was Sie nicht tun sollen. Sie sollen nicht an diesen Kater auf dem Rücken des Elefanten denken. Begreifen wir das! Begreifen Sie das!

Im Alltag vieler Menschen sieht es wie folgt aus, hört es sich wie folgt an: „Ich will nicht verlieren“, „Ich will diesen Kunden nicht verlieren“, „Ich will nicht so viel Angst als Verkäufer haben“ und so weiter. Alle diese Dinge führen nach und nach in einen Notstand. Denn diese Sätze kommen, da es das Wort „nicht“ nicht gibt, im Gehirn an als „Ich will diesen Kunden verlieren“, „Ich will verlieren“ und „Ich will so viel Angst als Verkäufer haben“. Sie wissen, was ich meine. Weil Sie es nicht wollen, tun Sie es. Weil Sie es nicht denken wollen, denken Sie es. Weil Sie sich nicht mit einer negativen Sache beschäftigen wollen, beschäftigen Sie sich mit dieser negativen Sache. Diesem negativen Gedanken. Ich spreche daher heute zu Ihnen, zu Euch über eine entscheidende Voraussetzung für Mut, als Voraussetzung – neben Klarheit der Gedanken – für den Zustand Erfolg. Diese entscheidende Voraussetzung, über die ich heute spreche, lautet: Schalten Sie völlig und zweifelsohne jede Angst und Furcht aus. Respekt vor großen Kunden. In Ordnung! Achtung und Wertschätzung! In Ordnung! Angst und Furcht! Nicht in Ordnung. Ich sage Ihnen: Negative Vorstellungen brauchen Angst und Furcht als Nährboden. Fehlen Angst und Furcht, fehlt den negativen Gedanken gewissermaßen die Luft zum Atmen. Die Folge ist: Es fehlt den negativen Gedanken an Kraft, um zu wachsen. Die Folge ist: Ihre negativen Gedanken gehen ein. Sind weg. Verschwinden. Begreifen Sie! Das müssen Sie tun! - Wenn wir also über das Ausschalten von Angst und Furcht sprechen, müssen wir uns, müssen Sie sich mit einer weiteren Sache beschäftigen. Weil: Selten ist es das bewusste „Ich“ in uns, was unsere Gedanken erzeugt. Vielmehr gibt es da ein Unbewusstes. Es ist da eine unbewusste Seite in uns, dieses „Es“. Dieses „Es“ ist sozusagen Ihr innerer, eigener Mensch. Ist Ihr Innerstes. Und hier genau liegt eine Fähigkeit der Gewinnertypen: Sie schalten Angst und Furcht aus. Weil: Angst und Furcht fokussieren stets auf negative Gedanken. Verlierertypen geben sich diesem Kreislauf aus Angst, Furcht, negativen Gedanken, Angst, Furcht, negativen Gedanken, Angst... und so weiter – Sie wissen, was ich meine – hin. Gewinnertypen schalten Angst und Furcht schlichtweg aus. Bitte: Das gilt selbstverständlich nicht im Falle krankhafter Angstzustände, die therapeutisch behandelt werden könnten. Oder ähnliches. Sie wissen, was ich meine.

Zurück zur Angst und Furcht: Sie wollen Ihr Leben meistern. Sie wollen ein erfolgreiches Leben meistern. Sie wollen ein noch besserer Top-Verkäufer werden. Sie wollen große Abschlüsse erzielen. Sie wollen erfolgreiche Firmenkundengespräche führen. Gespräche, bei denen die Chefs, die Steuerberater, Rechtsanwälte, Wirtschaftsprüfer mit am Tisch sitzen. Die alles entscheidende Botschaft lautet: Meistern Sie zunächst sich selbst. Meistern Sie Ihre Gedanken. Wenn Ihre Gedanken Sie bezwingen, immer und immer wieder, werden Sie nur in Ausnahmen den Erfolg haben, den Sie immer dachten haben zu können. Ich gebe ein Beispiel: Da gibt es eine Person, die als Verkäufer erfolgreich ist. Doch sie fragt niemals nach Empfehlungen. Nach Empfehlungen fragen bereitet dieser Person Unbehagen. Diese Person liest alle denkbaren Bücher und hört wirklich gute Audioproduktionen zum Thema Empfehlungen. Immer und immer wieder. Das Problem ist nur: Diese Person hat Angst. Kaum geht es in einem Verkaufs- oder Beratungsgespräch möglicherweise um Empfehlungen, schweigt diese Person. Hat Angst! Fürchtet sich sozusagen vor dieser Frage. Es ist jetzt nur eine Frage der Zeit und diese Person gerät in den Zustand Notstand. Es ist nur eine Frage der Zeit, und diese Person braucht neue Kunden. Die Menschen spüren das. Die potenziellen Kunden spüren: „Da ist eine Person, die offensichtlich Umsatz braucht" und „Oh, das ist eine Person, die neue Kunden offensichtlich dringend braucht." Die Menschen spüren das. Wir spüren das. Wir sprechen nicht darüber. Wir spüren es. Wissenschaftler sprechen hier von sogenannter Herzintelligenz. Das Herz sendet Signale, die weit über unseren Körper hinaus messbar sind. In diesem Fall ist es ein Signal der Angst. Ein Signal der Furcht. Das Ergebnis: Die Verkaufsgespräche werden schwieriger und schlechter. Für die Person bedeutet das: „Wer soll mich denn auch empfehlen, bei dieser Leistung?" Eines Tages ist diese Person im Notstand. Dann nämlich, wenn die Kundenliste abgearbeitet ist und es keine weiteren Kontakte gibt. Das Ergebnis zu diesem Zeitpunkt: Dieser Verkäufer, dieser Berater „riecht" schlecht. Sie wissen, was ich meine. Er riecht nach „Mir geht es nicht gut, ich hoffe, Sie kaufen zumindest bei mir". Ich wiederhole daher: Ausschalten jeder Angst und Furcht ist die Voraussetzung für den Zustand Erfolg für Verkäufer, Berater, Verkaufstherapeuten. Ich will weiter zu Euch über die negative Macht von Angst und Furcht sprechen. Sie kennen das. Wenn eine Person krank ist, hat sie oftmals großes Interesse an allem, was mit der Krankheit zusammenhängt. Da gibt es einen Verkäufer, einen Finanzverkäufer. Dieser Verkäufer hat – so seine Wahrgebung – ausschließlich Kunden mit wenig Einkommen. Die Umsatz- und Erfolgschancen sind aus seiner Wahrgebung gering. Firmenkunden hat er keine oder nur wenige. Oder zu wenig. Für diesen Burschen gibt es eine wichtige und entscheidende Wahrheit: Er hat die Kunden, die er verdient. Sie haben die Kunden, die Sie als Verkäufer oder Berater verdienen! Begreifen Sie das! Das müssen Sie verstehen.

Nun zu unserem Finanzverkäufer, der künftig Firmenkunden erfolgreich beraten und damit in einer ganz anderen Liga mitspielen will. Manche dieser Typen, dieser Finanzberater-Typen sitzen immer wieder in Seminaren und Trainings und konzentrieren sich – Sie ahnen es bereits – den ganzen Tag innerlich auf „Das ist zwar gut, doch anwenden kann ich den Inhalt nicht. Meine Kunden haben nicht so viel Geld". „Das ist zwar gut, doch anwenden kann ich den Inhalt nicht. Meine Kunden haben nicht so viel Geld". Und so weiter. Es ist eine sehr, sehr schwierige Angelegenheit, diese Menschen in Seminaren und Trainings davon zu überzeugen, dass sie es selbst sind, die dieses Danken verändern könnten. Es klingt banal, ich weiß, doch es ist wirkungsvoll: Sie glauben! Gut! Jetzt bauen Sie auf. Jetzt bauen Sie sich auf.

Sie zweifeln? Gut! Jetzt lähmen Sie sich. Sie lähmen sich. Den möglichen Fortschritt. Sie können sich das sehr, sehr gut vorstellen. Sie sind gelähmt. Sie können nicht mehr gehen. Sie können nicht mehr fortschreiten. Sie bleiben stehen. An dieser Stelle bitte ich um Aufmerksamkeit: Ich spreche diese Zeilen in Kenntnis der unglaublichen Leistungen gelähmter Menschen. Verstehen Sie also dieses Beispiel lediglich als Bild für den beschriebenen Zustand.

Nehmen wir für die Macht der Gedanken die unzähligen Beispiele großer Taten. Bekannt aus Literatur und anderen Quellen. Große Taten wurden alle in der Geschichte nur möglich, weil die Menschen, die wirklich großartige Dinge bewegten, das Leben bejahten. Wer glaubt, baut auf. Wer nicht glaubt, zerstört. Dabei gilt: Halten Sie Disziplin in dem, was Sie sagen. Verkaufstherapeuten®-Teilnehmer/innen aus den Bernd W. Klöckner Seminaren und Trainings wissen um die Macht der Verkaufstherapie®. Sie wissen um die – ich nenne es einmal – Magie der positiven Konnotation. Das bedeutet: Ereignisse, Geschehnisse, Handlungen, Eigenschaften eines Menschen durch eine wertschätzende und anerkennende „Brille" betrachten. Das wiederum hat Einfluss auf weitere Dinge. Ich gebe ein Beispiel: Wann haben Sie selbst die Bereitschaft zur Veränderung? Eher in einem Zustand des „ich fühle mich mies", „Ich fühle mich inkompetent" oder eher in einem Zustand des „Wow, wo ist das Ziel" und „Oh, ich selbst bin kompetent. Dann löse ich das Problem!" Also eher Variante A, also „mies fühlen" und so weiter oder eher im Zustand B: „Ich bin kompetent"? Sie kennen die Antwort. Ich kenne die Antwort. Entscheidungen fallen leichter, wenn die entscheidende Person sich selbst kompetent fühlt. Sich selbst als kompetent erachtet. Ich will noch ein anderes Beispiel aus meiner eigenen Erfahrung geben: Seit Jahren und Jahrzehnten beobachte ich wissenschaftlich, ob es Unterschiede in der Krankheitsquote zwischen sich kompetent fühlenden und sich nicht kompetent fühlenden Menschen gibt. Das Ergebnis ist verblüffend und doch irgendwie wie erwartet: Erfolgreiche Typen haben – das klingt banal, ist jedoch die Wahrheit – oftmals keine Zeit zum krank werden. Erfolgreiche Typen sind sozusagen per Autopilot darauf programmiert auf „Ich schaffe es". Das Ergebnis der mentalen Stärke dokumentieren vielfache Beispiele. Ich wiederhole: Lasst kranke, krank machende Gedanken schlichtweg verhungern. Dabei gilt: Wenn es einmal negative, hemmende Gedanken und Bilder in Ihnen gibt, meiden Sie den Kampf gegen diese negativen, hemmenden Bilder und Gedanken. Was bedeutet das? Es bedeutet: Negatives kann Sie nur beherrschen, wenn Ihre Aufmerksamkeit dieses Negative fokussiert. Das bedeutet: Entziehen Sie ab sofort nervenden Dingen Ihre Aufmerksamkeit. Das ist keine einfache Sache. Und auch hier gilt: Übung macht den Meister. Ich gebe Ihnen ein Bild: Betrachten Sie negative Gedanken und Bilder künftig wie einen ungebetenen Gast. Wenn Sie denken: „Er gefällt mir nicht" (hier gemeint: der Gast „negative Gedanken"), machen Sie sofort die Tür zu Ihrem Zuhause zu. Sie wissen aus Erfahrung, wie schwer Sie ungebetenen Besuch verabschieden, wenn dieser einmal in der Wohnung ist, seinen Mantel oder das Sakko abgelegt hat und es sich im Wohnzimmer bequem gemacht hat. Machen wir es anders! Machen Sie es anders. Sperren Sie negativen oder schlechten Gedanken schlichtweg die Türe zu. Hängen Sie ein Schild raus: „Geschlossene Gesellschaft" oder „Heute geschlossen". Die Botschaft lautet: Negative Einflüsse reduzieren. Positive Einflüsse mehren.

Nun ein Satz zum Nachdenken und Vordenken. Ich liebe diesen Satz, der nun kommt. Es ist ein Spruch, den ich erstmals von Ruth Watty, meiner wirklich genialen Co-Trainerin, hörte. Dieser Satz, diese Lebensweisheit lautet: Disziplin bringt Erfolg. Erfolg zerstört Disziplin. Begreifen Sie das! Das müssen Sie verstehen. Die alles entscheidende Botschaft lautet: Sorge dafür, dass Du in der Offensive bist. Spiele das Spiel, um zu gewinnen. Sorge so auf diese Weise dafür, dass es Dir gut geht! Du hast Erfolg! Sie haben Erfolg! Sie sind sozusagen in der Offensive. Jetzt entscheidet sich, wer auf Dauer zu den wirklichen Gewinnertypen zählt. Die wirklichen Gewinnertypen wissen: Disziplin bringt Erfolg. Erfolg zerstört Disziplin. Das bedeutet: Viele Menschen verlieren in erfolgreichen Situationen und Zeiten ihre Disziplin. Diese Typen sagen dann Dinge wie „Es läuft doch, was soll ich noch mehr tun?" und „Ich habe einen großen Vorsprung. Gut! Ich ruhe mich aus!" So zu denken und arbeiten ist ein gefährlicher Irrtum! Lebensgefährlicher Irrtum! Ich sage Ihnen: Spielen Sie das Spiel, um zu gewinnen! Dann bleiben Sie in der Offensive! Das sind die Erfolgsschritte eins und zwei. Das Spiel spielen, um zu gewinnen! Niemals die Offensive aufgeben. Weil: Die besten Geschäfte machen Sie dann, wenn Sie keines brauchen. Alles, was Sie tun müssen, ist also einmal richtig loslegen in diesem Leben. Einmal in Ihrem Leben als Berater und Verkäufer, als Finanzverkäufer so richtig loslegen. Sorgen Sie so auf diese Weise für den Zustand Offensive. Sorgen Sie so auf diese Weise für Ihren Spitzenzustand. Als Voraussetzung für den Zustand Erfolg. Das ist alles. Und es funktioniert! Sie wissen das, nicht wahr? Und: Es ist völlig in Ordnung, dass Sie diese einfachen und wirkungsvollen Gesetzmäßigkeiten möglicherweise mit ein wenig Zurückhaltung lesen bevor Sie sagen werden: „Oh, er hat Recht!" Ich sage Ihnen: Es klingt einfach. Zugegeben. Und es funktioniert. Es gibt diese Gesetzmäßigkeiten in diesem Leben. Und eine Person, die diese Gesetzmäßigkeiten beachtet ist – das ganze ist nur eine Frage der Zeit – früher oder später im Zustand Erfolg!

Die Autoren

Beate Kluckow

Beate Kluckow ist hauptberuflich als stellvertretende Direktorin Business Banking für die Deutsche Bank Privat- und Geschäftskunden AG tätig. Sie verfügt über eine mittlerweile fast 25-jährige Berufserfahrung als Bankerin. Angefangen im Jahr 1985 als Lehrling der Staatsbank der DDR, lernte sie ab 1991 in der Deutsche Bank AG sowohl das Privatkundengeschäft als auch die komplexe Geschäftskundenberatung- und -betreuung kennen. Ab 1999 arbeitete sie nach einer weiteren Qualifizierung zur Trainerin für das Versicherungsgeschäft als Referentin und Coach in der Mitarbeiterqualifizierung.

In 2008 lernte sie Bernd W. Klöckner und seine Rechentrainings kennen. Zusammen entwickelten beide die Idee zu einer neuen „Dialog"-Buchreihe mit dem Gabler Verlag.

Beate Kluckow, Jahrgang 1969, nunmehr auch nebenberuflich als Autorin tätig, ist Mutter von zwei Söhnen. Sie lebt in der Nähe von Rostock.

Bernd W. Klöckner

Bernd W. Klöckner® ist in der Trainerbranche zweifelsohne eine einfach erfolgreiche Ausnahmeerscheinung. Er zählt heute zu den besten wie bestbezahlten Trainern zu den Themen Verkauf, Kommunikation und Motivation. Er studierte an der Universität Kaiserslautern Erwachsenenbildung mit Abschluss des Master of Arts, ist Diplom-Betriebswirt (FH), absolvierte ein MBA-Studium mit Erfolg und studierte ebenfalls Systemisches Management an der Universität Kaiserslautern. Bernd W. Klöckner® verfügt über Ausbildungen in Hypno- und Gesprächstherapie sowie in Kommunikationsprozessen. Damit bietet Bernd W. Klöckner® eine in der Trainerbranche einzigartige und dokumentiert erfolgreiche Kombination aus Wissenschaft, 25 Jahren erfolgreicher Verkaufspraxis und eigenem unternehmerischem Erfolg. Der Ausnahmetrainer und High-Performance-Coach ist viel gefragter Redner auf Kongressen. Die von ihm begründete, in der Finanzbranche heute legendäre Klöckner® Methode ist das einzige Trainingssystem mit dokumentierter Leistungsbilanz. Die Klöckner Methode BASIS oder Klöckner® Methode PROFI ist ein ein- bis mehrtägiges Training für sofort umsetzbaren, zusätzlichen Erfolg als Finanzverkäufer. Die Inhalte der Trainings zur Klöckner Methode sind sofort, unmittelbar nach den Trainings umsetzbar. Bernd W. Klöckner® entwickelte die Verkaufstherapie® und den Komplementärverkauf®.

Er ist Autor des einzigen, täglichen Gratis-Online-Erfolgstrainings unter www.berndwkloeckner.com (hier: BWK Blog). Er ist 42-facher Buchautor, schrieb 17 Bestseller u. a. „Die Rentenlüge". Seine Bücher sind international erschienen, zuletzt wurde sein Buch „Die Magie des Erfolges" in China veröffentlicht. Als regelmäßiger und immer wieder gefragter TV-Studiogast in allen namhaften Sendungen (ARD Anne Will, Menschen bei Maischberger, Hart aber fair, ZDF Maybrit Illner, Joachim B. Kerner u. a.) erreichte er mit seinen stets auf den Punkt gebrachten und durchaus provokanten TV-Auftritten über 60 Millionen Zuschauer.

Bernd W. Klöckner® ist erfolgreicher Selfmade-Unternehmer seit seinem 18. Lebensjahr. Unter anderem ist er Mitentwickler und Mit-Urheber der Finanztaschenrechner BWK Business® und BWK miniMAX® (Details unter www.faf-verlag.com). Der BWK Business® ist das Kompetenztool für alle Finanzdienstleister. Für spürbar mehr Souveränität und Kompetenz bei allen Geldfragen der Kunden. Bernd W. Klöckner® ist Partner des Dr. Kriebels Beratungsrechners, der Beratungssoftware Nr. 1 für erfolgreichen, aktiven Verkauf in der Finanzplanung (Details unter www.beratungsrechner.de). Er ist Vater von vier Kindern, wohnt mit seiner Familie in Berlin Wannsee.

Kontakt für Trainings, Coaching (auch Einzel-Coachings), Kongresse und Vorträge:

mail@berndwkloeckner.com
www.bwk-international.com

Werner Dütting

Werner Dütting ist Diplom-Betriebswirt (FH) und als wissenschaftlicher Mitarbeiter im FAF Verlag tätig. Er ist ausgewiesener Kenner der Finanzprodukte am Markt. Werner ist Buchautor mehrerer Bücher, darunter auch die Bestseller „Rechentraining für Finanzdienstleister", Band I, und „Die Rentenlüge 2.0".

Als freier Finanz-Journalist wird er regelmäßig in Fachzeitschriften und Newsletter publiziert. Im Studium arbeitete er nebenberuflich als Finanzdienstleister und kennt daher den Markt. Werner, Jahrgang 1982, beschäftigt sich schon seit dem 16. Lebensjahr mit Finanzen und Börse und wendet seither die Kunst der praxisorientierten Finanzmathematik an. Durch ein Auslandssemester in Schottland konnte er auch den britischen Finanzdienstleistungsmarkt kennen lernen. Seit Beginn 2008 lebt er in China und studiert dort die chinesische Sprache an der Shenzhen Universität.

www.duetting.com
werner@duetting.com

Stichwortverzeichnis

MIX
Papier aus verantwortungsvollen Quellen
Paper from responsible sources
FSC® C105338

Printed by Books on Demand, Germany